管道隐患排查电磁检测技术

李晓松 尚 兵 石仁委 著

李永年 审

中国石化出版社

内容提要

电磁检测技术由于实施简便、适用性强在管道检测中得到广泛的应用。本书从管道隐患排查的实际需求出发，针对管道隐患排查工作的特点，在简要论述管道检测技术与方法演变发展历程的基础上，重点阐述了瞬变电磁检测技术的基本原理及检测方法，列举了在管道隐患排查中的应用效果，同时介绍了与之相关的磁应力检测技术和综合参数异常评价法检测技术。

本书内容丰富、资料详实、案例经典，具有很强的实用性和可操作性，可作为管道安全监督管理机构、管道运营企业、油气管道检测评价机构等单位安全与技术管理人员、专业技术人员的工作参考书及培训教材，还可供大专院校师生、研究设计人员阅读参考。

图书在版编目（CIP）数据

管道隐患排查电磁检测技术/李晓松，尚兵，石仁
委著. —北京：中国石化出版社，2019.6
ISBN 978-7-5114-5324-2

Ⅰ.①管… Ⅱ.①李… ②尚… ③石… Ⅲ.①石油管
道 - 管道检测 - 电磁检验 ②天然气管道 - 管道检测 - 电磁
检验 Ⅳ.①TE973.6

中国版本图书馆 CIP 数据核字（2019）第 082025 号

中国石化出版社出版发行
地址：北京市朝阳区吉市口路 9 号
邮编：100020 电话：(010)59964500
发行部电话：(010)59964526
http://www.sinopec-press.com
E-mail：press@sinopec.com
北京富泰印刷有限责任公司印刷
全国各地新华书店经销
*
710×1000 毫米 16 开本 13 印张 236 千字
2019 年 6 月第 1 版 2019 年 6 月第 1 次印刷
定价：60.00 元

前　言

　　管道隐患排查技术与方法目前已经走过了最初的试探性摸索研究阶段，进入了完善发展阶段。对于管线运营管理者、检测工作者、检测技术的研究开发者而言，如何把握隐患排查技术与方法的基本路径、发展规律、适用环境与对象，目前仍然显得有点无所适从。原因就在于目前管道隐患排查技术的方法种类繁多，各有不同的开发背景、技术路线，也有不同的适用环境。特别是在原始技术引进方面，有来自欧美的，也有来自苏联的，还有我国原创的技术。以这些基础技术为背景而开发的具体检测技术或方法，有的基本原理不同，但是检测的目标参数却是相同的；有的原理一致，但是检测的参数对象却是不同的；即使是相同原理与相同检测目标参数的技术和方法，也存在制式上的差别以及针对不同环境的特殊使用技巧的区别等。因此，对不同技术与方法或相同技术与方法就存在表述方式不尽相同的问题，甚至存在一些相互矛盾的表述，不少文献资料对自己研究开发、使用或自己偏好的技术，对其存在的局限性（制约因素或限制条件）缺乏深入细致的说明，进一步增加了人们在技术选择方面的困惑。

　　那么，应该怎样去甄别技术、筛选技术，去适应管线隐患排查的需要呢？作为长期从事管道检测研究、检测实践的一线工作者，我们认为，顺着技术发展的脉络去寻找、去体会也许是最好的选择之一。因此，在本书的第一章，论述了近百年来管道隐患排查检测技术与方法发展演化的历程，试图帮助读者厘清各种技术的来龙去脉、基本发展轨迹等。在此基础上，让读者通过阅读本书去感知各类技术的特点、特长与局限性，从而对各种技术建立起基本的概念。

　　我们有幸亲身经历了管道检测技术日新月异的发展阶段，并参与了一些技术创新实践活动，对管道检测技术的理解和把握是建立在自身实践基础上的，有着最真实的体会并掌握着第一手的资料、数据和实例。因此，在本书的其他章节，我们对自身理解最透彻、应用最娴熟、取得效果最明显、经济实用的从地面检测地下管线管体腐蚀与损伤、应力集中、变形裂纹等隐患缺陷的瞬变电磁检测技术、磁应力检测技术，以及综合参数异常评价法、交流地电位梯度法等技术进行了详细的介绍。在这些章节中，我们还结合在胜利油田、中原油田、长庆油田、大庆油田、西北油田等十余年从事地面检测地下集输管线、各类架空管线、工艺管网的经历，结合我们在中国石化管道储运公司、各省石油公司、天然气管道公司从事原油长输管线、成品油长输管线、天然气长输管线以及各地市政管线检测实践的体会和真实的记录，介绍了诸多检测实践案例，尤其是在查找隐蔽的打孔盗油卡子、管道渗漏等特殊隐患检测方面积累的成功经验，希望为读者进一步了解和应用管道检测技术提供借鉴。

本书第一章由国家石油装备质量监督检验中心（山东）技术顾问、中国工业防腐蚀技术协会防腐蚀工程检测检验专委会副主任委员、东营油气管道保护专家组成员、东营职业学院特聘产业化教授石仁委撰写并负责统稿工作；其余各章由保定驰骋千里科技公司总工程师李晓松、经理尚兵撰写；原冶金部地质勘查研究总院李永年研究员审阅了全稿。

作为管道检测技术与方法发展演变的亲历者和见证者，本书的主要内容是作者二十年来在电磁检测技术方面不断研究和实践应用的总结，书中内容来源于作者的研究论文、科研报告以及生产实践。从管道隐患排查的实际需求出发，针对管道隐患排查工作的特点，重点介绍了瞬变电磁检测技术的基本原理、特点、实施方法及应用效果。同时介绍了与之相关的磁法检测技术和综合参数异常评价法检测技术。供理论研究和实际应用参考，希望起到抛砖引玉的作用，使电磁检测方法在管道隐患排查中得到更多的应用，为我国管道检测技术的普及和发展贡献一份力量。在相关技术的实施中，得到了中石化和中石油等相关管道运营企业、检测机构领导和工程技术人员的大力协助，使得理论和技术在实践中不断完善，在此表示衷心的感谢！在本书的撰写过程中，胜利油田腐蚀研究所姬杰、王遂平高级工程师，国家石油装备产品质量监督检验中心（山东）张志涛、王志江、刘铭奇工程师，北京安科技术公司董事长原北京科技大学教授路民旭、沈阳工业大学管道内检测装备开发研究课题组杨理践教授、北京西管安通检测技术公司经理原西安管材研究院研究员王世宏、襄阳震柏地下管线检测有限公司总工程师袁厚明、东营科通工程公司主管工程师葛兴辉、山东中创易泰节能科技有限公司经理许和涛工程师等提供了相关资料与图片，在此一并表示感谢！

在本书成稿之际，我们特别感激李永年先生的卓越贡献。李永年先生从20世纪90年代就开始了管体腐蚀非开挖检测技术的研究应用，开创了我国在此领域研究之先河。特别是老先生研发的瞬变电磁方法，与常规开挖抽检技术和管道内检测技术相比，由于采用非接触式信号加载方式，具有在地面检测、不需开挖、不破坏管道、效率高、费用低廉等特点，特别适用于管道隐患的快速排查工作。到目前为止，对埋地管道已从检测一段管道的平均腐蚀状况发展到检测局部腐蚀缺陷甚至较大的点蚀，对地面工艺管道可不拆除包覆层达到与超声测厚仪相当的精度。

由于作者水平有限，错误和不足之处在所难免，恳请广大读者批评指正。

目　录

第1章　管道隐患排查技术与方法发展历程 ……………………………………… 1

1.1　管道输送安全催生隐患排查 ………………………………………………… 1

　　1.1.1　从远古走来的管道输送技术 ……………………………………… 1

　　1.1.2　影响管道输送安全的主要因素 …………………………………… 2

　　1.1.3　管道安全与隐患的关系 …………………………………………… 4

1.2　隐患排查技术与方法的发展演变史 ………………………………………… 6

　　1.2.1　无损外检测技术 …………………………………………………… 7

　　1.2.2　压力（水压或气压）试验 ………………………………………… 9

　　1.2.3　管道内检测技术 …………………………………………………… 11

　　1.2.4　管网探测与测绘技术 ……………………………………………… 15

　　1.2.5　管道外保护系统检测技术 ………………………………………… 21

　　1.2.6　管体腐蚀损伤外检测技术 ………………………………………… 26

　　1.2.7　管道输送介质渗漏巡查检测技术 ………………………………… 31

1.3　管道电磁检测技术发展展望 ………………………………………………… 34

　　1.3.1　管道地面检测是系列电磁检测技术的集合 ……………………… 35

　　1.3.2　瞬变电磁检测技术是目前地面检测的核心技术 ………………… 39

　　1.3.3　磁应力检测在地面检测技术系列中前景可期 …………………… 43

　　1.3.4　管道检测技术在灾难性的废墟中反思前行 ……………………… 46

第2章　管道隐患排查与电磁检测技术概述 ……………………………………… 50

2.1　管道隐患形式及排查方法 …………………………………………………… 50

　　2.1.1　管道隐患及其特点 ………………………………………………… 50

　　2.1.2　管道隐患的危害与排查 …………………………………………… 51

　　2.1.3　打孔盗油危害及排查 ……………………………………………… 53

2.2　几种管道电磁检测技术简介 ………………………………………………… 55

　　2.2.1　瞬变电磁检测技术 ………………………………………………… 55

　　2.2.2　磁应力检测技术 …………………………………………………… 60

　　2.2.3　综合参数异常评价法检测技术 …………………………………… 66

　　2.2.4　交流地电位梯度（ACVG）与金属管道腐蚀部位判断法 ……… 71

第3章　瞬变电磁检测技术 ·················· 76

3.1　瞬变电磁（TEM）检测方法及特点 ·················· 76

3.1.1　检测方法概述 ·················· 76

3.1.2　数学模型 ·················· 77

3.1.3　检测精度与特点 ·················· 78

3.2　瞬变电磁检测仪器的设计与研发 ·················· 79

3.2.1　总体设计及技术指标 ·················· 79

3.2.2　仪器组成 ·················· 80

3.2.3　瞬变电磁检测技术的特点与标准制修订情况 ·················· 88

3.3　瞬变电磁管体检测工程项目的实施与改进 ·················· 89

3.3.1　瞬变电磁（TEM）检测步骤 ·················· 89

3.3.2　全覆盖连续检测技术 ·················· 92

3.3.3　平行管道检测技术与方法 ·················· 104

3.3.4　瞬变电磁检测技术的应用效果 ·················· 116

3.4　工艺管道瞬变电磁检测方法 ·················· 124

3.4.1　工艺管道隐患及其排查特点 ·················· 124

3.4.2　检测方法与消除干扰措施 ·················· 125

3.4.3　工艺管道隐患检测流程 ·················· 127

第4章　管道隐患排查电磁检测案例 ·················· 131

4.1　埋地管道管体隐患排查案例 ·················· 131

4.1.1　内腐蚀直接评价（ICDA）案例 ·················· 131

4.1.2　管体缺陷瞬变电磁法检测案例 ·················· 152

4.1.3　磁法检测案例 ·················· 171

4.2　工艺管道隐患排查案例 ·················· 182

4.2.1　碳钢管件隐患排查 ·················· 182

4.2.2　不锈钢管件隐患排查 ·················· 184

4.3　渗漏与盗油等特殊隐患排查案例 ·················· 188

4.3.1　渗漏点隐患排查案例 ·················· 188

4.3.2　盗油点隐患排查案例 ·················· 189

4.3.3　管体损伤隐患排查案例 ·················· 190

4.4　管道防护系统隐患排查案例 ·················· 192

4.4.1　黄夹克防腐层管道隐患排查案例 ·················· 192

4.4.2　沥青玻璃布防腐层隐患排查案例 ·················· 196

参考文献 ·················· 199

第1章　管道隐患排查技术与方法发展历程

1.1　管道输送安全催生隐患排查

1.1.1　从远古走来的管道输送技术

管道最早起源于中国古代，主要用于防洪排涝系统及四川自贡地区输送卤水、天然气，以及田野的灌溉。

2006年在西安市西郊阿房宫遗址附近又惊现距今2000多年的战国秦朝时的排水管道。这是一组陶制排水管道，一节58cm，外表绳纹，一头粗一头细，大头套着小头，东西长78m，南北长10m。另外在西边还有一处18m长呈南北走向的排水管道。通过出土的部分管道来看，此处应该是战国秦时期的皇家宫殿建筑的排水管道。

2010年在河南淮阳发现的距今4300多年的平粮台古城遗址，出土了可能属于人类历史上最早期的陶质排水管道。

2014年重庆永川区汉东城遗址考古，发掘出唐宋古城民居内直径达十余厘米由陶土烧制成的下水管道，连接后能将屋内污水排到屋外的排水沟。正是这种科学的排水系统，使得这座位于长江边的古城能够经受住雨水肆虐的考验。

北宋科学家沈括（1031—1095年）所著《梦溪笔谈》中就有各种管道的记载。而根据《汉代画像砖艺术》提供的资料，四川省邛崃县、成都西门外出土的汉代画像砖表明，大约2000年前我国的先民就用竹、木管道输送天然气煮盐；在四川自贡地区，人们还使用竹、木管道来输送卤水。根据唐朝著名诗人白居易（772—846年）任杭州刺史时所著的《钱塘湖石记》一文来看，早在唐朝时期，竹管（笕）已广泛用于取水灌溉。

那个时期的管道，无论是输送卤水、天然气还是灌溉用水，长度都有限，一般最长不超过数公里。到了明清时期，随着四川自贡地区自流井厂单井产气量的提高，商人们有了更大的动力将更远处的卤水送到自流井厂熬盐。加之人们学会了修造"马车"（即中间提升站）将卤水提到高处，使管线具备了能翻山越岭、穿越河底长距离输送的动力；竹管制作技术的改进、外缠竹篾条代替缠布、桐油拌石灰黏缝涂敷技术使得竹管的强度和密封防腐能力进一步提高，使管道承压与耐久性能提升，从而使管道输送距离超越 10km 以外，可以实现较长距离输送。

当然，竹木管子的承压能力毕竟是有限的。所以，此时期中外均没有建成真正意义上的长距离输送管道，就更不用说长距离油气输送管道了。

到了 19 世纪初，人们意识到，为了获取更大的管输效益，必须改进制管质量，提高承压能力。1820 年，英国建成数条直径 48in、耐压 1MPa 的低压水煤气管道，使铸铁管步入压力输送管道的行列，随后铸铁管道大举进入油气输送管道领域，并且承压能力逐步提高，这意味着近代管道输送业的正式开始。1859 年 8 月，美国宾夕法尼亚州打出第一口油井，1863 ~ 1865 年试用铸管输送原油，因存在泄漏实际应用并不理想。1879 年，中国用铸铁管从旅顺市的龙引泉引水供水师营驻军用水，这标志着引进西方供水技术的开始。

1895 年，人类生产出质地较好的钢管，铸铁管先后被一般钢铁管、不锈钢管、防腐钢管甚至非金属管道取代。从此管道输送走出了漫长而艰辛的幼年时期，进入与铁路、水运、公路竞争的时代。1897 ~ 1906 年，为缓解里海沿岸的巴库至黑海的巴统港铁路运输紧张状态和降低石油运价，沙皇政府建成巴库至巴统长 883km、管径 203mm、设有 16 座中间泵站的成品油出口管道，成为一条真正意义上的功能完整、最有代表性的近代长输石油管道。

管道，特别是油气管道作为现代意义上的输送方式虽然不过 100 多年的历史，却具有水运、铁路无法比拟的稳定性、经济性、安全性，不仅在工程建设史上创造着奇迹，在经济发展上也创造了奇迹。目前，已经成为名副其实的第五大运输方式。管道不仅是原油、成品油、天然气、液化天然气输送的主要载体，也是各种液体化学物质、清洁水、雨水、污水的主要输送与排泄方式，还是水煤浆、矿石、垃圾等物质的主要运送方式。正是由于各国经济日益依赖管道输送，管道输送安全也就成为人们必须正视与关注的问题。

1.1.2 影响管道输送安全的主要因素

从总体来看，影响各类管道输送安全的因素主要有地质、地理、气象等自然环境因素；管材管件质量性能、施工安装、运行调度、监控监测等技术因素；人的活动破坏、工农业生产、城镇建设、战争与恐怖袭击等外界干扰因素；政治、法律、文化、标准规范等人文法制因素。但是，具体到不同输送介质与环境下的管线，影响其安全的主要因素又有所差异，这里仅以油气输送管线为例作以简要介绍。

从宏观上来看，影响油气输送安全的主要因素有两个方面：一是供应路径的安全保障性，即路径的客观安全环境。油气管线路径的安全保障性，除上面提到的地质、地理、气象环境、人文法制环境等以外，还体现为国力竞争上的地缘政治实力，地缘政治实力也是一种安全保障能力。二是管道本身抵御各种腐蚀损伤及外界破坏风险的能力，更多体现在技术经济实力与管理能力上，可概括为技术经济能力的安全保障性。

油气供应路径的国力安全保障意义重大。在目前世界地缘政治竞争的格局下，围绕管道主导权及资源流向的争夺，直接影响全球油气供需格局以及稳定性，强国始终寻求对油气管道走向的控制，以提高对本国油气供应的安全系数。弱小的国家由于无力控制油气管道的走向，相应地其油气供应的安全保障系数就低，甚至面临在非常时期油气供应中断的考验。因而就有了油气管道地缘政治学说，有了《能源重塑世界》《石油战争》《天然气战争》《页岩气革命》这类图书的热销。

苏联解体后，中亚 - 里海地区国家纷纷实施能源先导输出战略，打开能源消费国的市场；被俄罗斯控制主要气源的欧盟也在寻找多元化天然气进口的方式。这实际上是对能源路径安全担忧的反映。美国通过"大中亚战略"及"新丝绸之路"，在与俄罗斯的能源博弈中，许多具有政治意义的管道被相继提出，如著名的纳布科管道、南溪管道、土耳其流管道、跨里海管道、TAPI 管道、IP 管道等，其中多条管道已建成，也有部分管道项目进展缓慢、搁浅甚至终结。这些管道计划的命运无不是国家综合实力与地缘政治斗争的体现。2017 年冬天，我国出现"气荒"，其原因之一就在于我们过分依赖中国 - 中亚天然气管道从土库曼斯坦、乌兹别克斯坦向中国北方供气这一条主线路，致使某些气源国为达到涨价目的，以各种理由在中国最需要天然气的时候"减供"。如果中俄天然气管线建成，更多的 LNG 气源并入中国供气管网，中国 - 中亚天然气管道在寒冷的冬季供气安全保障能力只会更高，而不是屡屡出现问题。前几年的俄乌"斗气"，更凸显了地缘政治对油气管线安全保障能力的重要性。

可能一般人没有想到，即便是"9·11"恐袭事件也与油气管道的路径争斗有着密不可分的关系。人们普遍认为：塔利班及其基地组织是引发21世纪初期以来重大暴力事件的始作俑者。但是，如果我们翻看美国著名经济学家威廉·恩道尔写的《石油战争》一书，也许会改变看法。那就是："9·11"恐怖袭击不仅是可以避免的，甚至是完全没有必要发生的。当初，深受"华尔街"和"伦敦"利益集团影响的华盛顿智囊们和美国联合石油公司、哈利伯顿公司等，出于对石油紧缺走势的判断以及能源政治的关切，想修建一条通过阿富汗运输里海油气的管道，以便通过控制油气通道实施对中日韩的长期能源控制，消减俄罗斯对里海油气国的传统影响力，卡断伊朗设计的东西油气管线建设希望从而遏制伊朗，攫取最大地缘战略利益。但是，遗憾的是：当塔利班希望油气管道不仅仅作为通往印度以及更多国家的运输线，还希望它为阿富汗的能源服务时，华盛顿拒绝了。这意味着美国政府与塔利班政权从1997年持续多年的中南亚战略能源通道——"南方管线"的谈判因为经济利益分享分歧而破裂了。美国恐吓塔利班负责人："如果你们不在铺满黄金的地毯上接受我们的条件，我们就将把你们埋葬在布满炸弹的地毯之下"。结果，"9·11"发生了！从此，世界在美国的带领下进入了反恐时代，而油气田设施及管道也成了恐怖袭击的重点目标。科威特、伊拉克以及非洲等地的油气管道出现了一幕又一幕灾难性场景，油气管道的安全形势陡然严峻了。

除了地缘政治对供应路径安全可靠性的影响之外，管道途径的地理、地质、气象等环境因素也在一定程度上影响油气的供应安全。如穿越崇山峻岭、极寒地区、地质灾害频发区域供应油气的路径，其供应保障能力相对于平原地区、沿海地区就要差一些。距离产油区较近的国家或地区的油气安全保障能力比远离产油区的国家或地区的油气安全保障能力就要强一点。

显然，路径安全主要与国家综合实力及所处区位相关。

随着管网存量迅速膨胀，因腐蚀损伤等引起的泄漏爆炸事故成为管道输送安全的另一种考验。如欧洲从1970年到1998年，累计统计了总长度200万公里的高压输气管道，事故总数达到1109起；美国从1970年到1984年，其输气管道事故总数达到5874起；我国从1969年到1990年，统计发现仅四川的输气管道事故总数就达到155起。美国国家运输部下属的管道办公室（OPS）发布的统计数据显示，从1994年到2013年的20年间，美国共发生各类管道事故10620起，导致370人死亡、1424人受伤，经济损失巨大。

如果说第一种安全风险主要还是在国家实力与区位环境层面的话，那么，第二种安全风险则主要反映在管道自身存在的物理隐患以及管道性能方面，主要体现为管道抵御各种腐蚀损伤及外界破坏风险的能力上，最典型的是管体的腐蚀损伤。应对这类安全风险，主要体现在经济技术进步与管道运营商管理能力的层面，以及国家法制文化的层面，是技术、经济、法治能力的体现，甚至是国民素质的体现，也是综合管理能力的体现。

1.1.3　管道安全与隐患的关系

针对影响管道输送安全的两个方面，综合技术、经济能力对安全的保障，是管道运营商考虑的重点，亦是一般管道安全研究分析的重点。其中，管道安全风险的形成、发展、爆发及评估等更是近二三十年来管道安全管理的核心，而最基础的工作则是管道隐患的排查。因为，许多管道安全事故其实并不是突如其来的，而是各种隐患积累到一定程度的产物。

1992 年 4 月 22 日，墨西哥瓜达拉哈拉市数百吨汽油因管路腐蚀泄漏进入市区下水道并引发多起连续爆炸，造成 3 亿~10 亿美元的财务损失，包括 206 人死亡，1470 人受伤，许多人失踪，1.5 万人无家可归，1124 座住宅、450 多家商店、600 多辆汽车、8km 长的街道以及通信和输电线路被毁坏。事后分析得知，泄漏早在几个月前就发生了，而引起管道泄漏的腐蚀隐患已经潜伏数年之久。

2000 年 1 月 27 日广西贵港输油管道泄漏。7 时 30 分市民发现地面冒出汽油，并进入下水道、电缆沟。抢险至 13 时 30 分，仅从电缆沟就抽出 10t 左右汽油，这时，某村民发现鱼塘上漂着层油，用打火机试点了一下，顷刻间，鱼塘一片火海。并且明火通过下水道明沟蔓延到南梧公路的下水道暗沟引起爆炸，油蒸气顺暗沟一路爆炸，形成连环爆。事故共计导致 2km 下水道及街道公路炸毁，9 人死亡、16 人受伤。事后分析表明，泄漏在 6 个小时前就已经发生，而导致泄漏发生的隐患存在的时间更久。

2000 年 8 月 19 日 5 时 26 分，美国新墨西哥州某条河流附近 1 条 $\phi762mm$ 的天然气管道发生破裂泄漏，泄漏出的天然气起火燃烧，持续时间近一个小时。事故共造成管道桥下露营的 12 人全部死亡，3 部车辆被烧毁，附近两座支撑输气管道跨河的桥梁也严重受损。事后调查发现，引起事故的直接原因是严重的内腐蚀造成管壁变薄，管道整体承压能力下降所致。该管道建成于 1950 年，已经属于老龄化非常严重的管道，管壁在微生物、湿气、氯化物、氧气、二氧化碳和硫化氢等腐蚀性物质的长期作用下，变得越来越脆弱，却无人知晓，更无人处理，最终导致了这起事故的发生。

进入本世纪前后，许多国家纷纷将管道安全检测、监测与风险评价工作进行立法规范，强制性推行。原因就在于管道输送越来越重要，各国已经无法承受管道运输随意中断对社会、经济、人们生活带来的影响；更在于人们已经认识到管道事故是有先兆的，是隐患积累到一定程度的产物，是可以通过技术检测与数据分析提前预知并采取措施予以排除的。因此，1988 年 10 月美国国会通过了管道安全再审定条例，要求运输部研究与专业计划管理处（RSPA）制定联邦最低安全标准，以使所有新建及更新管道都能适应智能内检测器检测的要求；加拿大标准协会制定了管道内检测器用于危险性液体和气体管道的标准，加拿大国家能源委员会 1995 年将这些标准作为法规条例，强行实施管道内检测。我国也先后出台了《特种设备安全管理条例》《石油天然气管道保护法》等对管道的定期检测检验、安全评价提出规范。同时制定了许多行业标准规范、国家标准规范对管道的相关技术性能提出指标化要求，对这些性能的检测检验作出方法性规定等。图1-1为地下管线检测与可靠性鉴定标准编制会议、石油管材专标委会议、管道地面检测标准讨论会现场照片。

图1-1　地下管线检测与可靠性鉴定标准编制会议、石油管材专标委会议、
管道地面检测标准讨论会现场

总之，隐患先于事故而存在。隐患是管线发生安全事故的元凶，安全事故是管线隐患积累到一定程度的产物。排查隐患是保障管道输送安全的基础工作。进入本世纪以来，我国涉及管道隐患排查的检测检验标准规范密集发布，为管道输送安全提供了标准保障；引进、开发研制了系列检测检验仪器设备，培养和锻炼了大批专业检测检验人员，为管道安全提供了技术保证；系列法规的颁布为保证管线安全运行提供了制度保证。

1.2　隐患排查技术与方法的发展演变史

就管道隐患排查技术与方法而言，目前已经走过了最初的试探性摸索研究阶段，进入了完善发展阶段。对于管线运营管理者、检测工作者、检测技术研究开发者而言，如何把握隐患排查技术与方法的基本路径、发展规律、适用环境与对象，目前仍然显得有点无所适从。原因就在于目前管道隐患排查技术与方法种类繁多，各有不同的开发背景、技术路线，也有不同适用环境。特别是在原始技术引进方面，有来自欧美的，也有来自苏联的，还有我国原创的技术。以这些基础技术为背景而开发的具体检测技术或方法，有的基本原理不同，但是检测的目标参数却是相同的；有的原理一致，但是检测的参数对象却是不同的；即使相同原理与相同检测目标参数的技术和方法，也存在制式的差别以及针对不同环境的特殊使用技巧的区别等。因此，对不同技术与方法或相同技术与方法就存在表述方式不尽相同的问题，甚至存在一些相互矛盾的表述。不少技术介绍对其存在的局限性（制约因素或限制条件）缺乏深入细致的说明，这也是让人在技术选择方面感到困惑的重要因素。

没有任何一个人能够将各类技术作一番彻底无误的比较与解读，然后告诉你哪类技术好，哪类技术最适合哪种环境。其原因如下：一是每个人都会受到他所专注的研究领域的限制，难免带有这样或那样的偏见；二是所有技术都在不断地发展与完善之中，今天是实用先进的，不一定代表明天也是实用先进的，适用于甲地的，不一定也适用于乙地，今天看似使用价值不高的技术，或许明天的一个小小的突破就会带来革命性的改变，发展出一番新天地，结出意想不到的硕果；三是任何技术与方法都有其优势特点与局限性，要想选择最适合的技术与方法完成特定目标对象的隐患检测排查，必须建立在对整个技术系统认识与特定需求环境熟悉的基础上，这就决定了任何权威人士也无法提供一个现成的方案。那么，应该秉持怎样的方法论去甄别技术、筛选技术？尤其是选择创新发展的基点呢？我们认为，顺着技术发展的脉络去寻找、去体会也许是最好的方式。

李约瑟在他的巨著《中国科学技术史》中曾说："如果一个史学家对他笔下的工艺和技术并没有真正的了解，则他的技术史就彻底徒劳无功"。因为，"即使现在看来是很珍贵的著作的作者们，他们也是对自己文体的关注胜过对所述机械和操作细节的关注"。我们虽然不具备史学家在语言、鉴定原始资料以及运用文献方面的史学素养，但是我们有幸亲身经历了管道检测技术日新月异的发展阶段，并参与了一些技术创新实践活动，对管道检测技术的理解和把握是建立在自身实践的基础之上，有着最真实的体会并掌握着第一手的资料、数据和实例。因此，将我们的理解、经历、体会和实践真实地记录下来，希望为读者进一步了解和应用管道检测技术提供借鉴。

1.2.1 无损外检测技术

伴随现代油气输送管道的建设发展，管道检测技术也获得了相应的发展。最初的管道检测重点在于检验管道焊接质量与原始缺陷可能引发的渗漏等方面。因此焊缝的无损探伤与水压试验是普遍采用的手段。

现代无损检测的定义是：在不损坏试件的前提下，以物理或化学方法为手段，借助先进的技术和设备器材，对试件的内部及表面的结构、性质、状态进行检查和测试的方法。检测方法有：超声波检测 UT、射线检测 RT、磁粉检测 MT、渗透检测 PT 和涡流检测 ECT 等。

1. 无损检测的出现与设备研发

无损检测技术工业应用至今已经有上百年历史，1906 年南非研制了第一台钢丝绳电磁无损检测装置；1918 年美国开创磁粉检测首例工业应用；1920 年前后 X 射线开始在工业领域应用；1921～1935 年涡流探伤仪和涡流测厚仪先后问世，1930 年实现用涡流法检验钢管焊接质量；1943 年出现商品化脉冲回波式超声波探伤仪。

我国的无损检测思想起源很早，但是现代意义上的无损检测技术的出现要稍晚于西方。根据仲维畅先生发表的《中国无损检测简史》以及《中国无损检测年鉴（1949—2005）》介绍：1915 年我国的医疗 X 光室就在山东济南出现；解放后我国由苏联、东德、捷克、匈牙利等国家引进了大量工业探伤和医疗 X 光机（如苏联的 PУΠ-1M3、PУΠ-2 型 X 光机等）和射线探伤技术。1959 年中苏关系破裂后我国开始向西方世界购买探伤设备，如西德的 ISOVOLT-400 型 X 光机等。1966 年丹东工业射线仪器厂仿制苏联的 200kV 工业 X 光机获得成功。在无损探伤方面：早在 1939 年抗战时期，我国就引进了磁粉探伤技术；渗漏检测技术也在 1949 年之前传入我国；1952 年铁道科学院就成功仿制了苏联超声波探伤仪，1955 年江南造船厂成功研制出我国自己的超声波探伤仪。在电磁涡流检测方面：南京金城机械厂的岳允斌于 1962～1964 年间研制出两种涡流电导仪，1966 年研制出便携式 6442 型涡流探伤仪及小直径薄壁不锈钢管的涡流探伤生产线、裂纹测深仪等。1957 年于在兹编的《工业无损探伤法》，为我国第一部无损探伤专著；2002 年李家伟、陈积懋主编的《无损检测手册》，为我国第一本无损检测手册。

2. 无损检测技术发展的阶段性特征

无损检测技术经历了三个发展阶段，即无损探伤（Nondestructive Inspection，NDI）、无损检测（Nondestructive Testing，NDT）和无损评价（Nondestructive Evaluation，NDE）。NDI 阶段，大致开始于 20 世纪五六十年代，主要是检测试件是否存在缺陷或者异常；NDT 阶段，大约在 20 世纪 70 年代末或者 80 年代初，探测出缺陷后，还要探测诸如缺陷的结构、性质、位置等信息；NDE 阶段，不仅要对缺陷的有无、属性、位置、大小等信息进行掌握，还要进一步评估分析缺陷的这些特性对被检构件的综合性能指标（如寿命、强度、稳定性等）的影响程度，最终给出关于综合性指标的某些结论。

3. 无损检测技术在管道检测中的应用

1960 开始建设的"友谊输油管道"是世界著名的油气管道，仅在苏联境内就有 40 万道焊口，为保证质量与管道输送安全，在施工时，对部分焊口采用在野外条件下进行 X 射线探伤的方法，92.8% 的接口则采用强磁记录仪进行焊口检测；在波兰境内则对大约 17% 的焊缝采用 X 射线探伤或放射性同位素进行检查。

随着油气输送管道钢级、口径、壁厚和输送压力的增大，管道焊接施工难度加大，对管道对接环焊缝的无损检测技术要求也更严格。我国通常是按照管线工作压力、通过的区段或环境，要求采用一定比例的超声波检测和 X 射线检测。对于穿越地段，要求对接环焊缝必须进行 100% 超声波检测和 X 射线检测。目前对管道自动焊主要采用相控阵或多通道超声波检测。如 2009 年开工建设的中缅管道，在建设过程中，来自阿联酋、印度的检测公司与我国无损检测人员共同参与了管道焊缝的无损检测工作。运行 5 年后，2018 年中缅管道公司又委托国家石油装备产品质量监督检验中心（山东）等检测单位利用超声相控阵检测技术对部分存疑的管道焊缝再次进行检测评价。图 1-2 为国家石油装备检验中心在中缅输气管道、中石化仪长输油管道环焊缝上进行 PAUT、TOFD 检测的现场照片。

图 1-2　国家石油装备检验中心在中缅输气管道、中石化仪长输油管道环焊缝上
进行 PAUT、TOFD 检测

无损检测的优点在于对腐蚀损伤定量化测量精度高，其缺点是需点对点地直接接触式检测，效率低。主要用于检查焊缝焊接的质量，但是，如果管道存在瑕疵如砂眼或在下沟时损伤破坏，则仍然不能保证管道的安全运行。因此，人们就采取水压、气压密封性试验的方法，来验证管道的可靠性。

1.2.2　压力（水压或气压）试验

早期人们采用水压试验方法对管道进行检测，该方法只能证明水压试验时管道哪些部分不能承受试验压力。水压试验必须根据管道设计运行压力、管材、管壁厚度、管径、试验时的气温等来确定试压设施以及试验压力和应急措施。

1. 压力试验是检查工程质量与管道整体质量安全的重要环节

苏联的"友谊"管道首次使用 1020mm 管径的输油管道。铺管后的吹扫工作和水压试验采用大型压风机及全套专用水压试验机组。某些管段的水压试验是在冬季进行的，最低气温为 -38℃，为了防止管道冻结，采取了一系列保温措施，并在试验后立即投油，保证了冬季试验的成功。在波兰境内则根据管壁厚度不同，分段采用 6.5MPa 到 8.9MPa 不等的试验压力。在捷克境内，则根据管材不同，采取了另一种试压方法。管子在冶金制造厂制成后，先用水在 70~90 大气压下进行试验，焊接、安装成管段后，在沟边用 0.5~0.6MPa 的压缩空气进行检查。管道在穿越河流、铁路和公路时，回填前用 7.4MPa 进行水压试验，下沟回填后，用 2.9~4.9MPa 进行水压试验，管道全部竣工后再用 6.5MPa 进行水压试验。

除了水压试验以外，人们也采用气压对新建管道进行试验。这两种以压力测试来检验管道可靠性的试验方法其实直到本世纪也没有完全停止应用，特别是对于新建管道而言，仍然是比较实用的检验手段。我国一些在本世纪初建成的管道中，有不少还通过这种原始的检测技术，发现了大量被不法分子提前预制到新建管道上的盗油阀等隐患。

总体来看，管道试压是管道工程建设的重要环节，是对管道施工质量、材料性能和管道整体质量的综合检验，其目的是验证管道整体强度，暴露和消除管材中残存的缺陷，保证管道运行安全。如何在管道建设中选择合适的试压介质，并安全、经济、适宜地进行管道试压，已成为工程总承包方和建设方所共同关注的问题。

2. 压力试验的局限性

对于在役管道而言，随着新技术的出现，压力试验法使用的频率越来越低。其原因在于：无论是水压试验还是气压试验，均不能提供管道的详细信息，它所反映的也仅仅是管道在试验当时及该承压条件下的安全状态，并不能保证试验以后运行一段时间或发生其他意外时也能保证安全输送，而且，由于要停输才能做试验，也很不方便，更何况压力试验特别是气压试验的风险也比较大。

2009 年 2 月 6 日，上海液化天然气公司小洋山西门堂 LNG 天然气外输管道在做气密性试压时，当压力上升到 12.3MPa（设计压力为 15.6MPa）时发生撕裂爆炸事故，导致施工人员 1 死 15 伤。压力试验需要停输进行，这对于运行中的管道显然不是太方便，相对检测成本较大。图 1-3 为 LNG 物联网上发表的上海小洋山管道气密性试验中发生爆炸现场照片。

因此，随着智能检测器等检测检验手段的出现，已经能够实现在不停输的情况下进行管道状况检测，不仅成本低而且可靠性高。所以，依靠压力试验来检测在役管道隐患缺陷的方法已经逐步被淘汰。

图1-3　上海小洋山管道气密性试验中发生爆炸现场

1.2.3　管道内检测技术

由于管道安全具有特殊的重要性，管道发达的西方国家早在20世纪五六十年代就开始了管道检测技术研究。其中管道内检测是各国投入研究经费最多、投入精力最大的一种检测技术。

1. 内检测技术最初发展简述

1962年美国Knapp公司和Girard公司开发研制出清管器，不仅为含蜡原油管道内壁石蜡沉积层及其他管道内垃圾清理提供了方便，而且也为管道内检测提供了方便。1965年国际著名的管道检测公司之一美国TUBOSCOPE公司首次采用漏磁检测器对管道实施了内检测。1973年英国天然气公司（British Gas，简称BG）第一次采用漏磁检测器对其管辖的一条直径为600mm管道成功地进行了内检测。

管道内检测初期应用效果普遍不是很理想。以世界著名的美国阿拉斯加输油管道为例，1977年7月28日阿拉斯加管道正式投产，可投产约8个月后，1978年2月15日在由首站向南736km处管道就发生腐蚀穿孔漏油约2300t，1979年6月10日在由首站向南约270km处再次因腐蚀穿孔发生漏油约2200t，同年7月15日在由首站向南1180km处发生第三次腐蚀穿孔漏油5700t，之后又发生过多起由于腐蚀穿孔而造成的漏油事故。实际上，该管道在第一次腐蚀穿孔约4个月以后，就安装了漏磁法管道内检测器。可见，初期的管道内检测器是不靠谱的。这个时期的管道内检测器（漏磁法）由于没有合适的磁铁类型作励磁源，开发出的检测设备体积庞大、精度较低，大致有两大缺点：

一是错误信号多，像一些非腐蚀性缺陷，如夹渣、夹层、压坑等，其信号与腐蚀信号相似，故易误判断为金属腐蚀；

二是门限值（Threshold）太高，一般腐蚀厚度达到管壁厚度的50%时，才能有明确的信号，特别是对于口径较小的管道以及补疤、焊缝、孔蚀、尺寸小的裂纹等不能进行检测和识别。

不过，人们对管道内检测器仍然抱有很大期望，一直在试图改进。1984年阿拉斯加管道公司与其他专业公司合作对内检测器进行改造，并又安装了超声波法管道内检测器，同时采用以上两种管道内检测器进行检测，并互相验证。经检测表明，干线基本情况是好的，腐蚀主要集中在21km的四个地段上。最后根据检测评价结论，从1989年开始，用27个月时间累计更换了总长13.64km的管段。自1984年加强了管道内检测以后，阿拉斯加管道的干线由于腐蚀穿孔而漏油的事故大量减少。

20世纪80年代末至90年代初以来，计算机技术的飞速发展、永磁铁磁性的提升、镍钴永磁铁以及稀土用磁铁的发展，为研制高效新型检测设备提供了强有力的技术保证，检测器体积不断缩小，技术含量越来越高，检测器的效率和可靠性也有明显改进，为保证管道的安全运行、减少管道事故造成的危害和损失发挥了重大作用。

2. 内检测技术在中国的发展

我国从20世纪80年代开始进行管道检测器的研制开发工作，华中科大、清华大学、天津大学、上海交大、合肥工大、沈阳工大、哈工大、上海大学的研究人员做了大量技术研究。在研究的同时，陆续从国外引进了一些先进的检测设备，对多条油气管道成功地实施了内检测。如1994年中国石油管道局从美国引进 ϕ273mm型和 ϕ529mm型管道漏磁腐蚀和变形内检测器，分别完成了360km阿赛线、430km青海花格线、360km秦京线、295km新疆克乌线的腐蚀及变形检测。1996年10月为新疆的一条136km长的 ϕ273mm管道实施内检测，检测出4.5mm以上深的腐蚀点77处，2.3~4.5mm深的腐蚀点234处，2.3mm深以下的腐蚀点307处。经开挖验证，检测结果基本准确可靠，为管道大修提供了科学依据。1997年又从美国引进了 ϕ720mm型管道漏磁内检测器，为探索管道内检测技术的发展与保证管道输送安全作出了贡献。从1998年起中国石油管道局就与国外公司合作陆续开发出 ϕ377mm型、 ϕ660mm型、 ϕ720mm型、 ϕ1016mm型管道漏磁内检测器。特别是2000年以后开发的高清晰度漏磁检测器，可检测出的最小缺陷深度已达5%~10%管壁厚度，检测精度为±10%，可信度水平达到80%以上。沈阳工业大学杨理践领导的课题组与新疆三叶管道技术公司、中国石化管道储运公司合作，开发了 ϕ273mm型、 ϕ325mm型、 ϕ425mm型、 ϕ529mm型、 ϕ720mm型长输管道漏磁内检测器，分辨率与精度进一步提高。图1-4为沈阳工业大学杨理践课题组开发的长输管道漏磁内检测器。

3. 内检测技术概述

管道内检测器主要技术类型有漏磁检测技术、超声波壁厚检测技术、电磁声波传感检测技术、涡流检测技术等。

漏磁检测器主要适用于油气管线的内外腐蚀检测，特别是输气管线；也可以探测环焊缝缺陷、管道金属外界物及管道材质硬疤。原则上来讲，漏磁（MFL）技术可以检测出腐蚀或擦伤造成的管道金属损失，甚至能测

图1-4　长输管道漏磁内检测器

量到影响管道结构的小缺陷如硬斑点、毛刺、结疤、夹杂物等异常和缺陷，也可以检测到裂纹缺陷、凹痕和起皱，但是漏检率比较高。漏磁检测器对检测环境相对要求较低，具有很高的可信度。漏磁检测对轴向缺陷特别是裂纹缺陷检测灵敏度较低，在对管道检测时，要求管壁达到完全的磁饱和，因此，管壁越厚，检测精度越低。

超声波内检测器主要适用于输油或液体管线的内外腐蚀，还可以探测夹层缺陷以及氢鼓泡。特别是对裂纹缺陷的检测是其最大的优势。裂纹缺陷是管道中最为严重的缺陷，对管道威胁极大。而超声波检测可以测量并绘制出管道全部缺陷信息影响后的现状，因而可以检测裂纹缺陷，特别是可以提供对管壁的定量检测。其提供的内检测数据精度高、置信度高，但是需要耦合剂提高耦合效果，而比较理想的耦合状态在管道内又比较难以达到，所以就降低了超声波内检测器在管道内检测中的实际使用效果。

电磁声波传感检测技术（EMAT）利用电磁原理，以电磁传感器替代传统超声检测中的压电传感器。电磁传感器在管壁上激发出超声波，并沿管壁内外表面以波导的方式传播。当遇到异常时，沿管壁传播的波产生反射、折射和衍射，接收器接收到的波形就会发生明显改变，并基此进行缺陷检测，因而不需要耦合剂。但是也存在其他不足，目前的实验效果还不是很理想。

涡流检测技术是以电磁场理论为基础的电磁无损探伤方法。它对表面缺陷检测灵敏度较高，对其他缺陷则相对较差。

4. 内检测技术的优势与不足

管道内检测的优势是明显的，可以发现直接影响管线运行安全的管体缺陷；不需要过多的野外作业，可以减轻检测人员的劳动量，工作环境相对于地面检测改善不少，在中国年轻劳动力日益紧张和大家对工作舒适度要求不断提高的当下，是有明显优势的；涉及工农关系问题比较少，受其他因素干扰相对少，有利于实现管道

检测的自动化，特别适合大口径长距离输送管道的经常化定期检测等。

但是，对检测人员特别是数据处理人员的经验依赖性还是比较大的，仍然存在对缺陷的定量化不够、存在漏检误判现象以及定位不精确等问题。在实践中，管道内检测的缺陷有时也是致命的，使得人们在许多情况下不得不放弃对内检测的选择。例如管道运行久了之后，不可避免地会出现变形、管壁有坚硬的沉积附着物甚至打孔盗油的卡子等，影响检测探头与管壁结合的间隙或耦合性，使检测误差无限增大，甚至卡球无法检测并影响输送的正常进行。并且内检测费用高，检测操作的灵活适应性也比较差。另外从实际检测案例来看，检测误差、漏检率仍然存在，检测精度、可靠性仍然有待于提高，定位不准确的问题仍然困扰着人们。人们发现根据内检测提供的缺陷位置，有时想开挖检验其缺陷的真实性，一连开挖好几个坑，就是找不到地方，还需要借助磁应力检测仪再次判断。这也似乎从另一个侧面启示人们，凡是内检测能够找到的缺陷，外检测（也就是地面检测）基本也可以找到。这一点其实不难理解，目前业界公认使用效果最好的内检测器是漏测检测器。其原理是漏磁场，也就是通过区分磁场异常来检测缺陷，而在外检测中的磁应力检测、TEM 检测也是基于磁场异常的原理。因而，电磁干扰对地面检测（管道外检测）有影响的地方同样对内检测也有影响。

2018 年 6 月 10 日 23 时许，中缅天然气管道国内段（位于贵州省黔西南州晴隆县沙子镇境内）发生燃爆事故，造成 24 人受伤，其中危急重 3 人、危重 5 人、重症 16 人。更可悲的是：该管段 2017 年 7 月曾发生燃爆致 8 死 35 伤的悲剧。同一条管道、在同一区域、不足一年的时间里再次发生天然气泄漏燃爆事故，引起了社会广泛关注。

如果说 2017 年中缅管道爆燃是天灾所致，那 2018 年就与天灾无关了，更可能是因焊缝缺陷导致撕裂所致。那么，在中缅管道上安装的定期自动内检测装置为什么没有提前发现这个隐患呢？只能说管道内检测并不十分可靠。事实上，目前我国管道内检测的使用情况并不是很理想，例如东黄管道在发生"11·22"特别重大泄漏爆炸事故之前半年，还专门进行过一次内检测，但也没有阻止事故的发生，其原因在于检方担心卡管，因此事故段没有进行内检测。所以，从安全可靠的角度出发，我国的管道安全运行在继续探索提高管道内检测技术水平的同时，还必须重视管道外地面检测的研究、开发与推广应用。例如，应力检测、金属蚀失量检测、管道阴极保护检测、杂散电流检测，甚至焊缝的超声相控阵检测、超声 C 扫描成像检测对管道检测也是非常重要的。例如 2018 年 6 月 10 日中缅天然气管道国内段发生燃爆事故后，中石油就委托国家石油装备产品质量监督检验中心（山东）将数百处管道焊口开挖出来，用相控阵超声波法进行焊缝缺陷再检验，以保证恢复运行后不再发生此次类似事故。

人们再次将目光投向管外的地面检测，并不是要否定管道内检测技术的先进性与内在合理性，只是希望通过地面检测这种简捷的方式来寻求隐患检测的突破，或者至少能够弥补内检测的不足。

当然，管道地面检测是一个多种技术的集合，检测的项目、指标要远远多于内检测，因而是一种综合性检测与分析技术。

1.2.4 管网探测与测绘技术

由于地下管线资料的缺漏和偏差或资料精度不高或与现状不符，经常造成事故。北京二环线施工中就曾出现误挖天然气主管道，导致紧急疏散十万人的事故。北京地铁 12 号线施工时，在海淀区蓟门桥东南辅路使用 DPP100 型汽车钻，进行 2S12 号孔位钻探时，就曾将位于地下的 $DN600$ 中压燃气管线钻破，导致天然气泄漏，影响周边约 1.2 万户居民供气。原因就在于施工前勘查时对地下管线探测不准确所致。

因此，探测地下管线管网的分布，探明管道地下空间位置（埋深、走向、高程）并测量其平面位置和高程，绘制地下管网图，不仅是老旧管道检测的基础及最早的管道检测项目，也是城市管理、建设、发展的当务之急。

管道探测（包括测绘）主要分为地下管线探查、测量和信息化。探查主要是对地下管线进行定埋深、定走向和定位的施工作业；而测量主要是指对地下管线各点的地面标志进行高程和平面位置测量，以便绘制成地下管线信息成果图；信息化是指将探查测量结果以数据形式储存在计算机中，以便于人们利用计算机对地下管线的相关信息进行查询、计算、处理、传输、绘图、打印等信息管理。

1. 探测技术的发展

地下管线探测的历史已经有 100 年左右。1831 年法拉第发现了电磁感应现象，1910 年就有了将电磁感应应用于地下管线探测的记录。1970 年以生产探测仪器为主的英国雷迪公司成立。我国地下管线探测技术及设备最早基本是从国外引进的，由于城市化水平的制约，关于地下管线探测的研究也是 20 世纪七八十年代才开始的，例如 1989 年 1 月出版的东南大学学报刊登的李乃弘"地下管线探测技术"一文，还在探讨电磁感应法探测技术的简化物理模型；1985 年周正欧发表于《电子技术》上的"电磁逆散射与探地雷达"一文，也属于比较早的探索地下管线探测的论文。随着我国经济的迅猛发展，地下管线探测技术在我国发展非常迅速。从 20 世纪 80 年代后期开始，我国先后引进了英国 RADIO DETECTION 公司的 DD-400 系列，美国 MBTROTECH 公司的 810/850 地下管线探测仪，美国 CHARLES MACHINB 公司的 Subsite 70/65 系列等。1992 年，冶金部物探院李学义与香港商人吴基胜联合创办了国内第一家管线探测公司——保定金迪地下管线探测工程公司。1995 年，国家建设部正式颁布了《城市地下管线探测技术规范》。

图 1－5 是 1910 年英国开展地下管线探测与我国四川测绘工程院女子测绘队在 1977 年从事野外勘测的场景照片。

(a)1910年最早将磁感应用于地下管线探测　　(b)1977年四川测绘工程院女子测绘队野外勘测场景

图 1－5　早期地下管线探测现场照片

传统的探测技术大致分为两大类：第一类是探测铸铁管、钢管等金属管线；第二类是探测水泥管、陶瓷管和工程塑料构成的非金属管道。目前常用的地下管线探测方法大多是利用上述管线与周围介质的物理特性（如导电性、导磁性、密度、波阻抗和导热性等）差异进行探测，不同的参测方法适用于不同材质的管道和不同的地质条件。较有代表性的方法主要有利用电磁定位仪的电磁探测法、利用探地雷达的方法（电测波法）和磁探测法（磁法及磁梯度法）等。

1）电磁探测法

电磁探测法利用探测目标（管线）与周围介质的导电性、导磁性和介电性的差异，根据电磁学的原理，观测和研究人工或天然形成的电磁场的分布规律（频率特性和时间特性），进而推断地下管线的位置状态。在各种不同的电磁探测方法中，可根据电磁场产生方式的不同分为直接充电法和感应法。

电磁探测法主要适用于金属管道或预埋金属标记线的非金属管道，而探测非金属管道需采用示踪电磁法。该方法是指在管道内塞入电磁示踪器，或者通入带电导线，然后用地面探测仪器追踪电磁信号，达到探测地下管线的目的。用这种方法探测非金属管道精度较高，简单易行，因此获得了广泛应用。

2）探地雷达

探地雷达是利用高频电磁波以宽频带短脉冲形式由地面通过发射天线（T）送入地下，由于周围介质与管线的电导率和介电常数等物理性质存在明显差异，使脉冲波在界面上产生反射和绕射回波，接收天线（R）在收到这种回波后，通过光缆将信号传输到控制台，经计算机处理后，将雷达图像显示出来，并通过对雷达波形的分析、判断，来确定地下管线的位置和埋深。

该方法具有操作简便、精度高的优点，在地下管线测量领域得到了普遍应用。但是该方法要求土壤介质对电磁波的透过性，因此在某些地质条件下应用受到了限制。

3）磁法探测

磁法探测基于磁感应的原理：由于铁质管道在地球磁场的作用下被磁化，管道磁化后的磁性强弱与管道的铁磁性材料有关，钢、铁管的磁性较强，非铁质管则无磁性。磁化的铁质管道就成了一根磁性管道，而且因为钢铁的磁化率最强而形成它自身的磁场，与周围物质的磁性差异很明显。通过地面观测铁质管道磁场的分布，便可以发现铁质管道并推算出管道的埋深。

王水强等人采用北京地质仪器厂生产的 CCT-1 型磁梯度仪，运用磁梯度法原理对上海某条顶管施工的污水管道进行测量，验证了该方法的可行性。

除上述方法之外，钎探法、声波法、红外辐射法、综合分析法以及电阻率法、充电法、磁场强度法、浅层地震勘测法、面波法等也在地下管线探测中获得运用。

4）探测技术的最新发展

各种方法在一定限定条件下均能取得令人满意的效果，但是它们的局限性也非常明显。主要是都基于感应原理，因此探测深度受到限制；容易受到施工场所地面上或地下的电磁或铁磁干扰；各种方法的可用性和探测精度很大程度上取决于施工地段地质条件的制约，例如土壤和岩石成分、土壤湿度等因素均会对测量结果产生较大的影响。

目前，由惯性测量装置和导航计算机组成的惯性导航系统被看作未来管线探测技术的发展方向。其基本思路是：将搭载惯性导航系统的载体放入地下管线，让其沿着管道运动，该载体的运动轨迹等同于管道的三维信息。保证在各种复杂的电磁和地质环境下都能顺利完成定位测量。而且微机电系统（MEMS）陀螺和加速度计小巧的尺寸使得所组成的航姿测量系统可以顺利放入各种口径的常用管道。这种测量方法无需地面人员手持信号发射源或接收机进行配合，因此有利于实现测量自动化和数据自动计算、归档。

2. 探测仪器在国内的研制

探测技术的发展最终要体现在探测仪器的研制以及使用技巧的提高上，否则，再好的技术也无法转化为生产力，无法推动实际问题的解决，也无法推动技术的进一步升级。因此管线探管仪的研制与探测技术一路同行，相互促进。

1995 年颁布地下探测规范以后，意味着地下探测工作在我国开始形成氛围。与此同时，一些大专院校、科研、检测单位、仪器经销商代理商先后成功开发研制了各种类型的探管仪，大大推动了我国地下管线探测技术的发展。1980 年成立的江苏海安智能仪器厂，虽然规模不大，但在我国生产研发管线探测仪器方面有着重要影响。但是，直到 2000 年之前，我国的管线地面检测市场都不大，国外仪器价格相对较高，因而代理销售的管线探测设备品种、数量非常有限，国产仪器品种更少。从 2000 年开始，我国的管线检测市场逐步增大，仪器主要从国外购买，探测仪器代理市场逐渐活跃。随着仪器维修的大量出现，仅仅做代理，仪器出现故障送国外维修很不方便，成本也很高，开始有少部分代理商不再满足于转手倒卖、办理维修手续赚钱，而是试图自己维修设备仪器。这种观念的转变，促进了代理商对国外仪器结构、原理的学习。在尝试自己维修一段时间之后，发现购买配件也很费事，就开始仿制国外产品及配件，并在仿制中学习、消化了国外技术。2010 年以后，我国在经历仿制消化吸收国外仪器之后，自主生产的管线探测仪逐渐成为主流。一些代理商变成了仪器生产商，检测机构也开始研制有自己特色的管线探测仪。

目前，RD8000、LD6000、PL960 等几个型号的探管仪在国内应用最为广泛。但是，探管仪只能探测金属管线，包括钢管、铸铁管、电线、电缆（不包括光缆）。探测砼管（水泥管）、PE 管（其他塑料管）一般用地质雷达，地质雷达一般多为进口的，有美国 GeoScience 的 SIR 系列、加拿大的 EKKO 系列、瑞典的 MALA 系列等。

3. 复杂电磁环境下管线探测技术的探索

管道探测仪在实际使用中的发展轨迹，也是遵从了从简单到复杂的发展过程。一开始主要是探测单一管线，一般工作人员手拿一支探管仪，经过简单培训就能完成任务。后来发展到必须识别两根平行管线甚至多根平行管线的探测。再后来就发展到复杂电磁环境条件下地下管线的探测。随着探测条件的变化，对仪器与探测人员的要求也越来越高。

复杂电磁环境下管线的探测，首先是对出现的平行管线的探索。在 21 世纪初李永年、李晓松、姬杰等人就进行过探索并发表过相关论文，提出在垂直于管路方向正上方做磁场剖面检测，再附之以 TEM 检测分离出目标管线信号的解决思路，并于 2005 年在胜利油田、2006 年在中原油田集输管线检测实践中进行了成功的运用，解决了平行管线探测识别的难题。赵献军、伍卓鹤 2004 年在《物探与化探》上发表的"近间距并行管线探测方法的效果对比"就反映了这一时期的最新思考；杨旭等人在 2000 年前后就对对地下多层金属管网等复杂条件下的管线进行了探索，袁晓华在《城市燃气》上发表的"地下管线探测位置的偏离与修正"等论文，都表明地下管线探测技术和手段进入完善提高阶段。2016 年到 2017 年，袁厚明、石仁委相继编著出版的《地下管线检测技术》（第三版）、《油气管道隐患排查与治理》则对各种管线在各种可能的复杂电磁环境条件下的探测技术进行了总结。然而，不可否认的是，复杂电磁环境条件下的管线探索仍然远未完结。

4. 超深管线探测技术的探索

2018 年 8 月 13 日，甬绍金衢成品油管道在浙江常山县某高速公路扩建中，被钻孔桩钻穿泄漏停输，原因就是上海精洋提供的坐标测绘有偏差。其实，许多施工工地发生的施工破坏管道事件都或多或少与管道走向探测不准、标识不清有关。目前来看，仅仅依靠普通的电法或磁化探管仪很难满足对深穿管道（目前定向钻穿越工程穿越管路、铁路、河流又非常普遍，一般都超过 5m 深度——普通探测仪能够保证测量精确度的探测深度）包括复杂环境中一般埋深的管道走向坐标精确探测的需要，必须采用更科学周密的探测技术。

其实关于超深地下管线的探测技术，从本世纪以来，随着我国顶管深穿施工技术越来越成熟，在公路、铁路、河流开始频繁使用这一技术进行管线工程施工，地下管线检测人员也开始在探讨地下深穿管线的探测与检测问题。根据文献报道，2004 年华东理工大学探测系方根显、邓居智等采用 ENVI 磁力仪对特深管线进行探测，2005 年同济大学的陈军、赵永辉、万明浩等使用地质雷达探测超深地下管线，2007 年李强等介绍过利用陀螺仪探测开口式超深地下管线的技术，2008 年湖北襄阳震柏地下管线检测有限公司曾通过改进 ZB‑2008 埋地管道探测检漏仪将探测深度提高了 5 倍。保定原冶金部物探研究总院的姚学虎、湖北的袁厚明、胜利腐蚀研究所的王遂平、山东科通公司的葛兴辉等人很早就思考了深穿管线的探测问题。上海精洋测量工程有限公司、保定金迪公司等更是专门致力于超深地下管线的探测技术探索与实践。袁厚明 2013 年就在《地下管线管理》上发表过"超深地下管道探测技术研究"的论文。2007 年、2009 年胜利油田腐蚀研究所石仁委、柳言国、姬杰、王遂平、王玉清等人就曾对孤罗东输油管线（孤岛‑罗镇‑东营）、临济线（临盘‑济南）穿越黄河段进行过探测方法探索。不可否认这些探索对技术进步的推进作用，但是由于各方对超深管线探测重视仍然不够，超深探测的投入产出不成比例，致使超深探测技术没有持续推进的动力，也没有形成比较系统的方法理论和定型化的检测仪器设备，因而超深管线探测在全国没有形成气候和影响力，只有一些个别成功案例。

2010 年胜利油田腐蚀研究所的王遂平、刘超、陈凯等人利用大型机动船拖带两艘橡皮筏，成功对中开天然气管线（中原油田‑开封）穿越河段进行了探测测绘

（见图 1 - 6），并发现中开线穿越段主线在河床泥沙中已经变成弧形，弧顶位置已经偏离两侧河滩阀室之间直线 31.1m，相当于管线被拉长了 3m，管线承受着极大的拉应力，时刻有断裂危险这一重大隐患。果然，时隔两年后的 2012 年 6 月 22 日下午 17 时 10 分，中开线东明县黄河主河道内距离南岸 30mm 左右发生撕裂泄漏。好在 2010 年检测发现隐患后，中原油田对主线破裂断供备有详细的预案。所以，当判明中开线主管线破裂后，立即启动应急预案，关闭黄河南北阀室中开线主线阀门，启用了中开线穿越黄河复线，当晚，中开线就恢复了正常供气。

图 1 - 6   通过机动拖船拖挂橡皮筏探测穿越黄河的中开天然气管道

因此，管道精确探测测绘应该是下一步管道检测业务的一个重要的专业分支。继续探索超深管线的探测方法仍然需要继续。

5. 测绘技术的发展简况

在探测的基础上对管道路由、高程等进行测绘（测量）是管线探测技术的又一项分支技术。距离、角度、高差是测量工作中三个基本观测量。传统测量的方法是用这三个基本量解算出点的平面坐标和高程。

测绘仪器主要有水准仪、经纬仪、全站仪、GPS 接收机、GPS 手持机、超站仪、三维激光扫描仪、陀螺仪、求积仪、钢尺、秒表等。每一款仪器的发展都是测绘技术发展进步历程的写照。

以测绘中最重要的手段之一的全站仪的发展历程为例，全站仪的发展经历了从组合式即光电测距仪与光学经纬仪组合，或光电测距仪与电子经纬仪组合，到整体式即将光电测距仪的光波发射接收系统的光轴与经纬仪的视准轴组合为同轴的整体式全站仪等几个阶段。最初速测仪的距离测量是通过光学方法来实现的，可以说是"光学视距经纬仪"。随着电子测距技术的出现，电磁波测距仪就代替了光学视距经纬仪，使得测程更大、测量时间更短、精度更高。随着电子测角技术的出现，人们又研发出半站型电子速测仪和全站型电子速测仪。20 世纪 80 年代末，人们根据电子测角系统和电子测距系统的发展不平衡，将全站仪分成两大类，即积木式和整体式。20 世纪 90 年代以来，整体式全站仪获得了极大的发展。

如果说，哪种技术进步对测绘带来了革命性影响的话，那无疑是卫星导航技术的出现。1957 年 10 月世界上第一颗卫星发射成功，开始了利用人造地球卫星进行定位和导航；1958 年美国海军武器实验室委托霍普金斯大学物理实验研究室研究美国军用舰艇导航服务的卫星系统，即海军导航卫星系统；1964 年军舰导航定位获得成功；1967 年 7 月经美国政府批准，提供民用海上定位服务，显示卫星定位的巨大潜力。但是，当时的定位精度仅仅为 10m，还难以承担更广泛的测量定位任务。为克服缺陷，第二代卫星导航系统应运而生，即 GPS 全球定位系统问世。该系统具有全球连续覆盖、定位精度高快速、被动式全天候观测无需通视、操作简便、抗干扰能力强等优点使其应用领域不断扩大。虽然美国军方从战略目的出发，采取选择可用性和反电子欺骗技术，但目前相位观测法可以绕过 SA 的影响，消除大部分人为加入的误差，因而也被广泛地应用在管道探测后的测绘中。

我国自 20 世纪 70 年代开始引进和试制各种卫星观测仪器，1980 年建立了国家大地坐标系，进行了海岛联测。80 年代初引进了 GPS 接收机开始应用于各个领域，采用 GPS 实时动态定位技术（简称 RTK），快速建立小范围控制网，加密测图控制点，测绘大比例尺地形图和用于施工放样，同时对各种定位应用技术及误差的研究和高精度定位、定轨软件的开发应用、局域差分技术定位在本世纪均获得了很大的发展。

1994 年，我国正式批准"北斗卫星定位导航系统"建设。2000 年发射了第一颗导航试验卫星，2003 年又发射了两颗导航试验卫星，至此第一代卫星定位导航试验系统在地球同步轨道组网成功。2017 年 11 月 5 日，中国第三代导航卫星顺利升空，它标志着中国正式开始建造"北斗"全球卫星导航系统。2018 年 12 月 27 日，北斗系统服务范围由区域扩展为全球，北斗系统正式迈入全球时代。这意味 BDS（北斗导航）系统已经进入与 GPS 导航争雄的时代。事实上，北斗卫星导航从 2012 年 12 月 27 日就投入民用了，北斗系统空间信号接口控制文件正式版 1.0 正式公布，北斗导航业务正式对亚太地区提供无源定位、导航、授时服务。只是普及还需要一个过程。不过可以肯定的是，BDS（北斗导航）系统很快就会使管道探测结果测绘工作面临一个全新时代。

1.2.5　管道外保护系统检测技术

长输油气管道一般采取埋地通过的方式。而大量的管道检测表明，油气管道的腐蚀主要发生在外防腐层破损且阴极保护异常的管段。因此，对管道外保护系统（防腐层与阴极保护率）的检测就成为发现管道隐患的一个重要的检测方法。

欧美国家从 20 世纪四五十年代开始对埋地管道实施阴极保护，1958 年我国也开始在管道上应用阴极保护技术。实施阴极保护以后，对防腐涂层质量的检测和阴极保护率的检测就成为一种必需。

1. 管道外防腐层状况的检测

管道外防腐层是保护金属管道免遭土壤化学腐蚀、电化学腐蚀、杂散电流腐蚀的有效手段。因此外防腐层的完整性就显得非常重要了。检测管道外防腐层的完整性是开展比较早的检测工作之一。最初的外防腐层状况检测是在防腐管道生产厂家和施工中使用电火花检漏仪进行检测。随后采用的是皮尔逊点位检测法，通过检测埋地管道对地电位间接检测管道敷设以后的外防腐层质量状况。其中影响比较大的有人体电容法，这种方法由于海安智能仪器厂在 20 世纪 90 年代初开发的系列 SL 系列检测仪的大量推广而得到大家的认可。但是很快英国雷迪公司的 RD 系列电流法检测仪就成为皮尔逊电位法的有力竞争者。初期我国管道检测工作者并不是很看好雷迪系列检测仪，原因是仪器太重，价格又贵，但是随着时间的推移，雷迪电流法检测仪以其功能多、对人的依赖性少、数据记录存储等优势占领了管道外防腐层检测市场。

英国雷迪公司在 20 世纪率先推出了第一台管道电流测绘器，勘测人员可通过它来识别难以接近的管道上的可能外部腐蚀来源，包括那些埋设在河流和公路下面的管道。从那时起，它成为许多组织查找和精准定位管道涂层缺陷的工具选择。杨子江、林守江等分别创办的天津环峨科技公司、天津嘉信公司于 1997 年将雷迪公司的 PCM 系列管道地面防腐层探测仪器引进我国，我国从此普遍开始了管道外检测工作。此后，冶金部勘测研究总院的李永年带领他的几个弟子以雷迪公司检测仪器为基本手段，宣传、实践管道外防腐层破损与老化检测；江苏海安袁厚明等利用海安晟利探测仪器有限公司生产的管道探测仪、武汉安耐杰公司李英杰利用由美国引进的 C 扫描技术等进行的管道外防腐层破损点检测，都产生了积极的效果。在本世纪最初的几年，胜利油田腐蚀与防护研究所石仁委还在综合运用海安 SL 系列检测仪器、雷迪公司系列检测仪器、C 扫面等检测仪器检测胜利油田集输管道的实践中提出了"组合检测法""八步工作法"等检测方法。他们的实践取得了不错的效果，在全国产生了较大影响，从而使管道地面检测工作很快获得了众多管道企业的认可。

在后来的进一步实践中，我国检测人员为克服单一检测技术的局限性，不仅综合几种检测方法对涂层缺陷进行检测，以弥补各项技术的不足，而且对于有阴极保护的管道，先参考日常管理记录中（P/S）的测试值，然后利用 CIPS 技术测量管道的管地电位，由所测得的断电位可确定阴极保护系统效果，在判断涂层可能有缺陷后，利用 DCVG 技术确定每一缺陷的阴极和阳极特性，最后利用 DCVG 确定缺陷中心位置，用测得的缺陷泄漏电流流经土壤造成的 IR 降确定缺陷的大小和严重性，以此作为选择维修方法的依据。对于没有阴极保护的管道，先用 PCM 测试技术确定电流信号漏失较严重的管段，然后在 PCM 使用 A 字架或皮尔逊检测技术精确定位涂层破损点，确定涂层破损大小。

目前，国内管道外检测技术基本上达到先进发达国家水平，在实际工作中应用较为广泛的外检测技术主要包括标准管/地电位检测、皮尔逊检测、密间距电位测试、多频管中电流测试、直流电位梯度测试等。

2. 阴极保护效果检测技术的发展

阴极保护是最有效的金属腐蚀控制措施之一，被广泛地使用在各类金属管线及设施（如容器、储罐）上，用于防止腐蚀。其最简单的理解就是：通过使管道暴露的每一点都有电流流入或至少不流出，从而减少管道的腐蚀。

人们关于阴极保护方法及测试研究的历史已经有近 200 年。1812 年，英国化学家汉佛莱·戴维爵士提出阴极保护假说。后来他在实验室发现 Cu 与 Zn 或 Cu 与 Fe 接触（导线连接），可以使 Cu 受到保护。1824 年，他在一艘"三宝垄"号帆船和一艘军舰上做了阴极保护试验并获得成功。1826 年他明确提出了阴极保护效应。1834 年法拉第发现了腐蚀损耗与电流之间的定量关系，为阴极保护奠定了理论基础。1905 年盖波特建成第一个管道阴极保护站，并于 1908 年获得第一个有关外加电流阴极保护的德国专利。1928 年，美国阴极保护之父库恩在新奥尔良一条长输天然气管线上安装了第一台阴极保护整流器，开创了长输管线阴极保护的实际应用，并发现 −0.85V（保护硫酸铜参比电极）就足以防止任何类型的土壤腐蚀，保护电位的数值概念由此诞生。随后，对管道实施阴极保护的工作迅速展开。据《法国煤气》杂志报道，到 1970 年就有 70 万公里左右的管线采用了阴极保护技术，其中仅美国就有 64 万公里。1906 年哈博和戈德施密特在《电化学》杂志上阐述了测量电流密度的哈博方法、土壤电阻测量方法和管地电位测量方法。1908 年麦克·考兰姆首次采用硫酸铜参比电极来测量电位。

我国阴极保护技术研究和应用始于 1958 年原交通部船舶科学研究所对船体阴极保护的研究。特别是中科院电工所以及石油、船舶、机械、有色冶金系统的一些设计院及成都科大等都参与到阴极保护的设计与研究中来，推动了阴极保护与检测技术的发展。从 20 世纪 60 年代起，一些油田在埋地管道上安装牺牲阳极保护系统，很快开发出一系列实用的阴极保护材料、设备，相应的检测、监测技术和管理也采用了国际标准，陆续又制定了一系列的行业标准和国家标准，到 20 世纪 90 年代技术基本成熟。

阴极保护效果的检测不仅仅是保护电位的检测，还有土壤腐蚀率的检测、阴极杂散电流检测以及相应的排流系统的检测。

3. 与管道外保护检测相关的土壤腐蚀速率测量技术

正如中科院金属腐蚀与防护研究所常守文在他撰写的"土壤中金属腐蚀速度测量方法的发展历程及展望"一文中所说的，在追溯土壤腐蚀速率检测历史时，无疑应该首先提到美国国家标准局所做过的工作。1910 年到 1922 年，美国国家标准局对土壤腐蚀进行研究，选择在典型土壤中埋设大量试件，然后按一定的埋设周期挖掘，经清洗、干燥、称重等处理，确定试件的腐蚀失重和腐蚀速率，从而建立了土壤腐蚀试验中的基本方法——失重称量法。为保证实验结果的准确性、科学性和严肃性，美国组织建立了全美土壤腐蚀试验网络，试验站点达到 128 个，埋设试件材料种类共 333 种，总计 36500 件，历时 45 年才完成最终报告。

这种方法虽然是最直接、最可靠的方法，但是却不能满足工程建设的需要，还是需要建立现场快速测量方法。这就是充分利用这些来之不易的基础数据，建立和发展各种原位测量技术和加速试验方法以及实验室方法。根据这种思路，人们又提出了一些根据土壤理化性质的单项指标评价土壤腐蚀的判定标准，即土壤理化性质分析法。

1936 年，在美国土壤腐蚀试验已经积累了大量现场数据的时候，Denison 设计了一种氧差异电池（Denison 电池），用一块打了孔的钢板作为阴极，用材质相同的钢板作为阳极。试验发现，Denison 电池两周土壤腐蚀实验结果与现场 12 年腐蚀试验结果基本相同。就是说，可以根据 Denison 电池两个星期的实验结果推断 12 年后钢铁表面可能出现的最大腐蚀深度。后来，Schwerdtfeger 又对 Denison 电池做了改进，在试验站的土壤中装入 Denison 电池，发现该电池 6 个月的腐蚀失重与相同土壤中现场埋设 10 年的试件的腐蚀失重具有相关性。这些试验为人们通过短期的土壤腐蚀试验推断钢铁材料长期的腐蚀情况提供了有效的手段。

1966 年，在建设蒙特利尔公路桥时，人们在对打入地下钢桩的试验研究中，运用了极化曲线转折法原位测量了钢桩的腐蚀速率。在 20 世纪 80 年代，中科院与大庆石油管理局设计院、东北输油局合作，共同开展了利用极化电阻法原位测量土壤中金属腐蚀速率技术研究，并结合研究开发了一款便携式土壤腐蚀测量仪。

土壤腐蚀原位测量技术是建立在腐蚀电化学理论基础之上的。人们最早在 1938

年就开始用电化学原理研究了腐蚀电极的极化行为与腐蚀速率之间关系。1952 年 Schwerdtfeger 建立了利用极化曲线转折法原位测量土壤中金属腐蚀速率的技术。1958 年 Stern 提出了著名的 Stern 公式，根据这个公式，利用极化电阻法测量腐蚀速率成为一种可信的腐蚀速率测量的重要方法。现在不少类型的土壤腐蚀速率检测仪器都是基于此原理。

4. 与管道外保护检测相关的杂散电流检测技术

杂散电流是大地中不按设计路径流动的弥散电流，对地下管道会产生腐蚀作用。从 1984 年开始，Rasch G 在《煤气照明》杂志中陆续详细叙述了杂散电流腐蚀的电解过程。2001 年 Kinh D. Pham 等人通过建立直流牵引系统杂散电流模型，对轨道上电流衰减进行了计算机仿真模拟研究。2006 年 I. A. Metwally 等人使用边界元方法对石油管道阴极保护所产生的杂散电流进行模拟，结果证明边界元方法可以对阴极保护所产生的杂散电流进行模拟分析。2006 年 A. M. Kerimov 等人对杂散电流与电流回路的关系进行分析，建立了杂散电流与电流回路的线性关系模型，获得了杂散电流参数的平均值和标准偏差，推出了使用杂散电流平均值和标准差来研究杂散电流的方法。2007 年 L. Bortels 等人使用有限元的方法对杂散电流的电位发布进行了模拟。

在国内，2004 年大庆石油学院张庆杰等人探讨了杂散电流对金属埋地管线的腐蚀机理，找出了杂散电流对埋地金属管道腐蚀的判别方法，如外观判别、电气判别和管道电位波动判别等。2005 年中科院孙立娟和海洋研究所王洪仁等对直流供电的地铁、轻轨运输系统中产生的杂散电流进行了分析，针对杂散电流对轨道周围土壤中的埋地金属管线、车站等构建筑物混凝土中钢筋产生电化学腐蚀这一现象，论述了城市快轨杂散电流实施腐蚀自动监测的作用和意义，并自行研制开发了一套杂散电流自动监测系统。近年来，随着我国超高压长距离交直流输电线路的大规模建设，关于高压输电线路产生的杂散电流对地下管线腐蚀影响的研究非常广泛，形成一些新的观点与观测方法。例如正在逐步转变人们对直流干扰影响大而交流干扰影响小的观念，许多研究表明：高压输电线路对地下管线带来的腐蚀风险不容低估。

关于杂散电流监测或检测，人们提出的方法主要有：检查片腐蚀监测法、管地电位正向偏移法、管地电位连续动态监测法、干扰电流探针测试法、地电位梯度检测法、SCM 干扰电流测绘仪检测法、组合检测法（分别是管道地电位正向偏移法与感应电流法组合检测技术，地电位梯度法与管地电位波动法组合检测技术，感应电流法与管地电位波动法的组合检测技术）。其中，SCM 干扰电流测绘仪检测法是相对比较科学便捷的方法。

在实际工作中，杂散电流干扰现场检测工作主要包括：管道对地电位测量、监测现有的电气接头、电压和电流检查、变压器/整流器电压和电流检查、腐蚀试样、取样、定期的漏电点调查、当地相关部门通知有新的外加电流系统安装时的检测评估、大地电位梯度检测、SCM 干扰电流测绘仪检测。图 1-7 分别是胜利腐蚀研究所职工在东营黄河入海口孤东芦苇丛、东营科通工程公司在小清河中、山东中创易泰节能公司检测人员在鲁南山区等各种艰苦复杂的环境下开展杂散电流地面检测的图片。

图 1-7　检测人员在各种艰苦复杂的环境下开展杂散电流地面检测

总体而言，关于杂散电流影响研究的历史还比较短，许多现象还有待于进一步分析、试验，特别是杂散电流监测技术与方法更需要在实践中不断完善。

外保护系统检测虽然可以发现防腐层与阴极保护率的问题，但是外检测并不能判断人们最关心的管体腐蚀与损伤状况。

1.2.6　管体腐蚀损伤外检测技术

如果能从地面上不用开挖、不用剥离外保护层就能探测出管道管体缺陷状况以综合分析判断管道隐患大小、特征、发展趋势等，对于评价管道安全状况肯定是最为理想的途径。在管内腐蚀检测（漏磁、超声、涡流等）手段不便实施的场合，地面检测手段就更为重要。目前，主要有三种技术在此领域获得了应用，即超声导波检测技术、磁应力检测技术和瞬变电磁检测技术。

1. 超声导波检测

超声导波检测在刚开始时最被业界专家学者看好，但是后来的发展却不尽理想。其主要技术特点及发展情况可简述如下。

尽管导波检测通常被认为是超声导波检测或远程超声波检测，但是从根本上它与传统的超声波检测并不相同。与传统超声波检测相比，导波检测使用非常低频的超声波，通常为 10～100kHz，有时也使用更高的频率，但是探测距离会明显减少。

对于导波在结构中传播的研究可以追溯到 20 世纪 20 年代，但是用于管道缺陷检测的研究却是在 20 世纪末期，该技术具体应用到管道缺陷（隐患）的检测上是在本世纪初期。

1979 年，Thompson 等将电磁声波传感器应用于蒸汽发电机管道的裂缝检测，与此同时，Silk 和 Bainton 利用压电超声探头在热交换管道中激励超声导波，试验了管道裂纹检测的可能性，Brook et al 证明了利用柱状导波由管道一端横截面处施加发向载荷的激励对管道进行检测的可能性，这些试验证明了利用超声导波对管道检测是可行的。同时，他们的试验实践也证明，超声导波检测技术可以分为单一模式的导波检测技术和多模式的导波检测技术。

无论是采用单一模式的导波检测技术，还是采用多模式的导波检测技术，其方法基本上均是将低频率传感器阵列安装在管道的整个圆周，产生的轴向均匀的波（常用扭转波模式）沿着管道上的传感器阵列的前后方向传播。在管道横截面变化或局部变化的地方会产生回波，基于回波到达的时间，通过特定频率下导波的传播速度，能准确地计算出该回波起源与传感器阵列位置间的距离。

超声导波检测的特点是：克服了传统无损检测方法需要逐点扫描的缺点，故使得检测管道费用降低，一次能检测十余米或上百米距离的管道；对保温管，能够最小限度地移除保温层；对管道支撑下的腐蚀，无需升起管道；可检验穿越公路的埋地管道；数据能被完全记录等。可见，超声导波检测是一种能够对管道腐蚀等缺陷进行快速、长距离、大范围、相对低成本检测的无损检测方法。它是一种用作识别管道隐患怀疑区的快速检测手段，对一些特殊情况下的管道或管道段（如化工厂、发电厂工艺管网、穿越管段等）进行间接非接触式检测有独特的效用和便利之处。

目前，关于超声导波实际成功应用于管线的报道文献还比较少。胜利腐蚀研究所从 2009 年起，曾在胜利油田海洋采油厂的海洋平台检测、现河采油厂的集输管线检测、架空注采蒸汽管道检测、中国石化管道储运公司的长输原油管道上试用了 10 次左右，除架空蒸汽管线有点效果之外，大部分检测效果都不是很理想。其主要局限在于：

超声导播检测数据的解释高度依赖于操作人员；很难发现小的缺陷，如细小裂纹、小的纵向缺陷、小而孤立的点蚀甚至穿孔缺陷；需要通过试验选择最佳频率，检测中通常还需要以管道上安装的法兰、管道焊缝回波作基准等，这都会增加判断的不可靠性；检测距离还会受到管道防腐层类型及保温层、埋深、管道周围土壤密实程度或压紧程度、管体腐蚀、弯头、接头、三通等影响，所以一般检测长度有限，虽然有文献讲超声导波检测技术在理想的管道中一次可以检测 200m 的长度，可是实践表明最多也就几十米；不能提供壁厚的直接量值，对检出的缺陷定量只是近似的，具体缺陷类型、大小甚至位置等还需要通过开挖并借助无损检测手段进行补充确认，与 TEM 检测、磁应力检测技术相比，没有多少优越性。

总之，超声导波检测的缺陷信号特征识别、定量化仍然需要研究；环境因素对导波检测的影响不易消除，缺陷检出率、误检率仍然不是很理想，需要进一步探索。

2. 磁应力检测

磁应力检测有磁力层析检测（MTM）和磁记忆检测（MMM）两种称谓。由于不同公司开发的磁应力检测仪所具有的磁探头数量、结构、分析方法不同，就有了不同的称谓，从本质上都属于磁法检测技术。磁应力检测也是本世纪以来进行埋地钢质管道管体腐蚀损伤状况检测的新技术。该技术在俄罗斯应用得相对较多，在欧美也有应用，大约 2010 年前后传入我国。其基本原理是：当管道发生腐蚀、疲劳、强烈塑性变形时都会引起管道应力集中，因此，对于埋地管道而言，能够检出应力集中的区域，那就能够标识出管道可能发生危险的区域。磁力层析技术就是通过铁磁材料的磁记忆特征来检测管道管体上缺陷应力集中区域，从而判断管道缺陷位置的。MTM 技术的优越性在于可对那些不能实施内检测的管道进行管体缺陷（特别是变形缺陷、非正常受力可能引起撕裂等隐患）检测，且无需与被检测管道进行直接接触、无需对被检测管道施加任何激励信号。检测人员手持便携式检测仪沿管道上方道路行走，对管道因制造、建设施工、运行形成的缺陷，因腐蚀损伤而导致的应力集中，地面塌陷或管道受压、受拉、受挤导致的变形、撕裂等应力集中进行磁扫描，经应力诊断软件数据处理分析就可确定出各种缺陷。

四川乐金川思科管道检测技术公司最先从俄罗斯引进该技术用于油气管道检测。目前国内已经开发出多款检测仪器，多家专门从事该技术服务的企业从事油气管道地面检测服务，如天津嘉信技术工程公司、保定驰骋千里科技公司、胜利油田腐蚀与防护研究所等均有开发相应检测仪器并将其应用于实际检测的报道。但是，不可否认的是，MTM 检测技术引进时间较短，国内消化研究仍然有限，具体应用实例仍然偏少，其发展前景仍然需要进一步观察。但是，可以肯定的是，这是一个值得探索的研究方向。

3. 瞬变电磁检测

1933 年，美国科学家 L. W. Blan 最早提出利用电流脉冲激发供电偶极形成时间域电磁场，采用电偶极测量电场，并命名为"Eltran"法，当年获得了美国发明专利。该方法提出后美国石油公司做了很多野外实验，希望得到类似地震反射法的结果。但由于脉冲激发的瞬变电磁响应频率较低，在沉积盆地难以得到能识别的分辨率，因此没能达到预期效果。

在 20 世纪 30 年代末，苏联的 A. П. Краев 提出将瞬变电磁信号应用于地质构造测深，1946 年 A. Н. Тихонов 等人进行了论证，此后由 Л. Л. Ваяньян 建立远区建场测深方法（ЗСД），它主要采用电偶源（通以方波的接地导线），在距源 r 处用接收线圈测垂直分量，了解磁场的建立过程，初期发射－接收距 $r \leqslant (4 \sim 6) H$（H 为高阻基底上部沉积岩的总厚度），这是一种以分析地层深度变化特征的方法，此法主要用于地震探测油田效果不理想的地区。在西方，1951 年首先由学者 J. R. Wait 提出利用瞬变电磁场法寻找导电矿体的概念。60 年代 В. В. Тикшаев、В. А. Сидоров 等人将发射－接收距改成 $r \leqslant 0.7H$，建立近区建场测深方法（ЗСБ）。在同时期，苏联科学家 Ю. В. Якубовский、В. К. Коваленик 及 Ф. М. Камецкий 等人创立了应用于勘查金属矿产的过渡过程法（МПП）。

20 世纪 60 年代以后，建场法和过渡过程法得到了更广泛及成功的应用和发展，该方法步入实用阶段。20 世纪 60 年代苏联在全国各个盆地进行普查，发现了奥伦堡地轴上的大油田。60 年代中期到 70 年代末这段时间，人们认识到时间域电磁测深法可以利用远远小于期望探测深度的收发距时，这种方法有了快速发展，随之如"短偏移""晚期""近区"这类方法迅速发展起来。也就是说，苏联至此基本建立了瞬变电磁法解释理论与野外施工的方法技术，理论研究方面也一直走在世界前列。

在 20 世纪 70 ~ 80 年代的美国等西方国家，短偏移法一直处于实验和研究阶段，未被广泛应用，而长偏移法得到了应用，特别是在地热调查和地壳结构调查中。比较有代表的学者是 G. V. Keller 和 Stemberg。随后，J. R. Wait、G. V. Keller、A. A. Kaufman 等对瞬变电磁法一维正、反演计算及方法技术进行了大量研究。1987 年美国阿科公司以瞬变电磁法为原型开发的检测系统 TEMP 具有检测带覆盖层工艺管道壁厚减薄的能力。随后，荷兰 RTD 公司对 TEMP 进行改进并研发了 INCOTEST 系统，逐步用于工程实际。

我国的瞬变电磁研究起始于 20 世纪 70 年代初，自 80 年代初开始，由长春地院、物化探研究所、中南工业大学等单位分别在方法理论、仪器及野外试验方面做了大量工作。推出了均匀大地上空时间域电磁响应，并将脉冲式航电仪用于地质填图和找矿。1977 年地矿部物化探研究所的蒋邦远等将脉冲电磁法用于勘探良导体金属矿。1985 年牛之琏将脉冲电磁法用于金属矿勘探，并取得了明显的效果。从 20 世纪 90 年代至今，国内 TEM 法进入了蓬勃发展阶段，在地质矿产（金属矿）、煤矿（采空区、超前探测、防治煤层水）、工程物探（溶洞、空洞、地裂隙、地下采空区、基桩钢筋笼、遗留炮弹、堤坝隐患）等行业广泛应用。目前，我国在理论研究与实践方面已经赶上甚至超越了西方及苏联。

我国将瞬变电磁法应用于管道检测是李永年于 1998 年首先提出的；林俊明于 2004 年研发一种透过保温层/包覆层对金属管道腐蚀状况检测的方法，并研制"隔热层下钢管壁厚脉冲涡流检测系统"；2005 年中国特种设备检测研究院进口了首套 INCOTEST 系统，后续与华中科技大学合作，就工艺管道的脉冲涡流检测技术在检测机理、信号反演、现场检测中各因素的影响机理等方面进行了大量的研究；2004 年李永年组建了保定驰骋千里科技有限公司，专心研究埋地金属管道管体腐蚀检测技术，改进了数据采集方案和分析解释方法，准确率大为提高，新方法命名为"管壁厚度 TEM 检测技术"；2005 年李永年领导的团队获得了科技部科技型中小企业技术创新基金的支持，研发了埋地管道瞬变电磁检测的专用仪器——GBH 管道腐蚀智能检测仪，并于 2008 年顺利验收通过，同年向国家知识产权局申请发明专利"管道壁厚腐蚀检测无损检测方法"，2011 年 12 月授予专利权证书。

在以李永年为代表的工程技术人员努力下，瞬变电磁检测或管壁厚度 TEM 检测技术进入国家、行业和国际标准。如石油天然气行业标准 SY/T 0087.2—2012《钢质管道及储罐腐蚀评价标准 埋地钢制管道内腐蚀直接评价》将管道壁厚瞬变电磁检测方法作为间接检测环节判断管体腐蚀的首选方法，并开发了一系列仪器，使管壁厚度 TEM 检测技术成为我国主创的管道检测领域新技术。

在李永年及其弟子的努力下，瞬变电测检测作为唯一可以在地面（不开挖）对地下管道管壁剩余平均厚度作出评估的一种无损检测方法受到了检测工作者的青睐。其基本原理是：在小发射回线中通以稳定激励电流，即可在其周围建立起一次磁场，瞬间断开激励电流便形成了一次磁场"关断"脉冲。此一随时间陡变的脉冲磁场在管体中激励起随时间变化的"衰变涡流"，从而在周围空间产生与一次磁场方向相同的二次"衰变磁场"，二次磁场穿过接收小回线的磁通量随时间变化，并在接受小回线中激励起被测电动势，最终观测到用激励电流归一化的二次磁场衰变曲线——瞬变响应。分析归一化的脉冲瞬变响应特征（被测管段的埋深、管径、壁厚、电导率、磁导率以及管内输送物质的电导率、磁导率、介电常数，防腐层的厚度、防腐介质的介电常数和体电阻率，围土介质的电导率、磁导率、介电常数等），可得到被测管段的金属蚀失量或者剩余管壁平均厚度，从而确定管体腐蚀程度。2006 年，胜利腐蚀与防护研究所和保定驰骋千里公司联合在中原三厂进行 TEM 检测，图 1-8 为检测期间中国石化胜利检测中心书记于清海、经理王观军看望检测职工并与本书作者李晓松、石仁委一起现场观摩 TEM 检测。

图1-8 胜利检测中心领导与本书作者在中原现场观摩 TEM 检测技术

该技术先后应用于大庆、胜利、大港、轮南、彩南、西南等油田以及齐鲁石化公司、太原钢铁公司、保定煤气公司、昆明煤气公司、天津燃气公司等企业，采用金属蚀失量评价技术检测的管道超过数百公里，开挖验证数百处检测隐患，符合率超过 90%。

1.2.7 管道输送介质渗漏巡查检测技术

如果管道发生了介质渗漏，说明管线已经出现了故障甚至可能发生了事故。对于比较大的泄漏事故很容易被发现，但是，管道检测的目的不是等着去确认事故，而是为了提前发现隐患或故障，防止其发展成事故。所以，这里讨论的介质渗漏检测技术，当然是针对微量、人们不容易直观看到或发现的小渗漏而言的。

输送管线介质泄漏不仅会造成资源浪费，还会造成环境污染，甚至导致爆炸、爆燃、中毒等恶性事故。1984 年 12 月 3 日凌晨，印度中央邦首府博帕尔市的美国联合碳化物（印度）有限公司设于贫民区附近一所农药厂的储存罐发生氰化物泄漏，造成了 2.5 万人直接致死、55 万人间接致死、20 多万人永久残废的人间惨剧。这是历史上最严重的工业事故，也是迄今为止人类发展史上最为严重的工业灾难。由此可见泄漏事故的严重性。1992 年 4 月 22 日，墨西哥瓜达拉哈拉市一条成品油输送管道发生泄漏并引起连环爆炸，持续时间 4 小时 14 分钟。事故造成 252 人死亡，1470 人受伤，15000 人无家可归，1124 座住宅、450 家商店、600 辆汽车、8km 长的街道以及通信和输电线路被毁坏。而泄漏实际上在 4 月 18 日就已经发生了，却由于泄漏检测技术等原因一直未能查找到泄漏点。再上溯，泄漏隐患事实上已经存在至少半年之久。因此，关键的问题是对泄漏隐患的检测与预防。

据统计我国人均水资源量仅为 2340m³，约为世界人均占有量的 27%。但是我国城市供水管网漏损量却高达 60 亿 m³，相当于浙江、福建、江西、海南四省一年的城市供水量。2009 年全国有 13 个省的城市自来水管网漏损率超过 12%，其中吉林更是达到 23.1%，造成了巨大的资源浪费。而要解决城市供水管网漏损问题，首先就得解决管网泄漏检测技术问题。在油气管道方面由于腐蚀、磨损、意外导致的管线泄漏时有发生，据中国城市燃气协会统计，1999~2002 年，全国各地区发生燃气爆炸事故 261 起，北京某一地段 DN400 型管道竟然连续几次发生燃气泄漏和爆炸事故。根据统计，80% 以上的爆炸事故是由于管道泄漏引起的。因此，管线泄漏检测一直以来就是管道输送行业的一项重要工作，是管线检测的重点检测项目。人们对泄漏检测技术的研究已经有近半个世纪。

1. 检漏技术发展历程概述

早在 1960 年，英国水研究中心就开发出世界上第一台相关检漏仪，因为体积庞大，实用性很差。后来经过多年努力，英美法日等国相继开发出轻型检漏仪。美国水协会在 1976 年就成立了漏检专业委员会，日本地下水管道委员会也有专门机构对检漏进行研究。20 世纪 90 年代初期这些国家又开发研制出利用水噪声的相关检漏仪。日美还在 20 世纪 80 年代中期开发出地质雷达，利用无线电波对漏水情况进行检测，并用图像显示漏水点的情况，实现漏水点的精确定位。近年来以数学理论为基础，使用神经网络和模糊逻辑方法来分析数据，测定地下水管泄漏位置，并可在计算机上实时运行。

在油气管道泄漏检测研究与技术开发方面，1976 年德国学者 R. Isermann 和 H. Siebert 就提出了以输入输出的流量和压力信号经过处理后进行互相关联分析的泄漏检测方法；1979 年 Toslhio Fukuda 提出了一种基于压力梯度时间序列的管道泄漏检测方法；1987 年 L. Billman 和 R. Isermann 提出了采用非线性模型的非线性状态观测器的检漏方法；1988 年 A. Benkherouf 提出了卡尔曼滤波器方法；1991 年 Kurmer 等人开发了基于 Sagnac 光纤干涉仪原理的管道流体泄漏检测定位系统；1993 年荷兰壳牌（shell）公司的 X. J. Zhang 提出了统计检漏法；1999 年美国《管道与气体杂志》报道了一种称作"纹影"（Schlieren）的技术，即采用空气中的光学折射成像原理用于管道检漏；2001 年 Witness 提出了采用频域分析的频域响应法，其基本思想是将管道系统的模型转换到频域进行泄漏检测和定位分析；2003 年 Marco Ferrante 提出了采用小波分析的方法，利用小波技术对管道的压力信号进行奇异性分析，由此来检测泄漏。

我国对于管道泄漏技术的研究起步较晚，但发展很快。20 世纪 80 年代以来，我国开始进行管道检测器的研制开发工作，取得了一些成果。如 1988 年方崇智提出了一种基于状态估计的观测器的方法，1989 年王桂增提出了一种基于 Kullback 信息测度的管线检漏方法等。同时，也陆续从国外引进了一些先进的检测设备，在在线监测、检测技术上推出了负压波法、声波法等泄漏监测检测技术，提出了基于神经网络的管道泄漏检测模型，建立了分布式光纤布拉格光栅传感器的油气管道监测系统，利用压力、流量和输差三重机制实现了对原油管道的泄漏监测及定位、原油渗漏监测和报警等；引进或研发了多种管道内检测器进行泄漏检测或其他隐患监测；引进或开发了管道防腐层检测、磁应力检测、导波检测、杂散电流检测、金属蚀失量检测等埋地管道地面检测技术来预测、分析、判断管道泄漏穿孔的几率大小，利用多种技术的综合运用来甄别、定位盗油（气）点。

随着我国油气管路的延伸，泄漏监测技术的研究、开发方兴未艾，监测技术和手段正日益丰富。

从检漏技术运用的目的性出发，并考虑检漏技术的实质性区别，管道泄漏检测的方式分为泄漏监测与现场巡查检测两种方式。现场巡查检测属于离线系统，而泄漏监测属于在线系统。一般来说，在线系统的优点是连续运行，反应快，缺点是灵敏度低，不能发现渗漏，存在误报警或失报警问题，定位误差大等；而离线方法则正好相反，能发现渗漏，定位相对准确，但是依靠人力，一般是间歇性的，很可能漏报，及时性较差等。在实际应用中，一般都是在线与离线两种方法并用，取长补短，相互印证。

2. 泄漏监测技术发展概况

在线检漏系统在国外已经得到了广泛的应用，以油气管线为例，美国等发达国家立法要求危险液体管道包括输油管道都必须安装有效的泄漏监测系统。我国管道检漏技术的研究起步较晚，从 20 世纪 90 年代中后期开始，清华大学自动化系、天津大学精密仪器学院等单位进行了初步研究，清华大学曾在 1993 年与东北输油管理局在黑山至新民段管道上进行了放油试验，这是我国输油管道史上第一次进行检漏系统的现场试验。而真正实际应用则是在进入 20 世纪后，由于油区治安形势日益恶化，犯罪分子打孔盗油犯罪非常猖獗，给输油生产带来了巨大的破坏，从而使得检漏技术迅速得到了大规模地研究与推广应用。目前，我国有天津大学精密仪器学院、清华大学自动化系、中国计量院、华北油田采油三厂、东营五色石泄漏监控技术研究所、北京昊科航科技公司等单位专业从事检漏系统的研究与推广，已经有大约 5000km 长的输油管道安装了检漏系统，对减少泄漏损失、保证管道正常运行发挥了重要且不可替代的作用。

泄漏监测的主要方法有：嗅觉传感器、分布式光纤声学传感器等传感器监测法，20 世纪 80 年代末期发展起来的基于磁通、超声、涡流、录像等技术的探测球法，压力梯度法，小波变换法，美国谢夫隆管道公司在天然气管道上安装的半渗透检测管法（LASP），检漏电缆法，GPS 时间标签法，放射性示踪剂检测法，体积或质量平衡法，负压波法，压力点分析法（PPA），互相关分析法，基于瞬变流模型的检漏法，应力波法，基于状态估计法，基于系统辨识法，基于神经网络的分析诊断法，水力坡降线法，统计检漏法等。

3. 现场巡查检测技术发展概况

人工现场巡线是管道运行企业运行管理的一项基本工作。经验证明：即使在科技发达的西方国家，大部分泄漏也是首先由过路人发现报告的。因此，国外的管道管理者都会在管道沿途设立一些报警电话，以方便路人报警。为了提高巡线效率，发达国家经常用直升飞机携带摄像设备来巡线，甚至狗也是人徒步巡线的好助手。加拿大帝国石油资源公司在研究了多种检测油气泄漏的方法后，认为现有技术不但费用高，而且不适用于小口径管道，也难以查出微小的泄漏。他们采取的办法是在管道内注入一种有臭味的化学物质，随泄漏的油气一起逸出，靠狗来探测这种气味。特别在沼泽地带等人无法靠近的管道，狗的用途更大。

巡线中依靠辅助仪器进行地面检测巡查仍然是目前泄漏检测的重要途径。常用的检测技术或方法有以下几种：

（1）以泄漏介质为检测对象的技术主要有：热红外成像技术、气体成像技术、探地雷达技术、示踪法、氦质谱仪现场检漏定位技术等。

（2）以管体及其外防腐层是否遭受破坏为检测对象（特别是对巡查中发现的疑点）的技术主要有：管道埋深探测检测技术、外防腐层破损点检测技术、磁应力检测技术、开挖检测排查技术等。

总体来看，管道泄漏检测技术、方法类型很多，目前还找不到一种方法可以解决所有各类管道的泄漏检测问题。泄漏检测也是目前地面检测的重点工作，需要综合应用各种手段进行检测分析。

1.3　管道电磁检测技术发展展望

电磁检测是利用电磁原理制造的各种检测仪器来实现的。其实，目前大部分管道检测仪器都是依据电磁原理而研制的，比如我们熟悉的瞬变电磁检测技术、磁场涡流检测技术、磁应力检测技术、PCM/RD4000 等探管技术、防腐层质量状况检测评价技术、C 扫描检测技术等均属于电磁检测技术。目前，管道检测的三种主要形式（管道内检测、地面检测、超声波直接接触式检测）中，主要应用到的检测技术均属于电磁检测技术，并且电磁检测技术涉及的产品研发、销售、应用已经成为一种非常重要的工业技术服务，因而，全国各地每年都有数场相关的产品技术交流会、展示会。图1-9为2018年中国东营第十一届国际石油石化装备展览会期间，原国家质量技术监督总局副局长、山东省政府秘书长等领导参观国家石油装备产品质量监督检验中心举办的检测检验技术展的情况。

图1-9 有关领导参观管道及石油装备质量检测检验技术展

1.3.1 管道地面检测是系列电磁检测技术的集合

地下管道地面检测是相对于管道内检测、传统的超声波直接接触式检测而言的一种在管道外部（地面），利用各种检测仪器在不影响管道运行、不开挖地面的情况下，从地面上间接检测管道的腐蚀损伤缺陷与防护状况的一种方法。

1. 地面检测在民营检测机构推动下成为中国管道检测市场覆盖面最广的一种技术服务

从管道检测技术的发展演化历史来看，超声波直接检测技术在管道腐蚀损伤缺陷检测上应用的历史最悠久，其次是内检测技术，最后才是以瞬变电磁检测、磁应力检测为代表的地面检测技术。但是，就在国内的应用广泛程度而言，地面检测技术应用得最广泛，特别是广大的民营检测机构基本都是选择使用地面检测方法参与管道检测技术服务的。

例如，胜利油田腐蚀研究所2003年从胜利油田开始介入管道检测业务时，首先调研了大庆油田、中油管道技术公司、中油工程技术研究院等单位，他们也基本上以管道外检测为主，只不过他们主要以管道外防腐层状况检测为主，而胜利油田腐蚀研究所是以管道管体腐蚀损伤检测作为主攻方向。随着业务的开展，在21世纪的第一个 10 年，胜利油田腐蚀研究所与西安管材研究所的王世宏、罗同、郭生武及西安交大的韩勇、北京科大的路民旭、中原油田的纪云岭、湖北襄樊震柏的袁厚明、江苏海安的孙珍山、陆伟华、上海海隆的袁鹏斌、石油大学（北京）翁有基、陈长风等一批对管道检测有研究兴趣的专业人员进行过很多交流探讨。通过交流发现，管道检测现场最活跃的是一批从国有单位离职的创业人员。他们以春江水暖鸭先知的敏锐嗅觉，洞察到管道检测这个重要的技术服务领域以及管道地面检测技术的独特优势，他们不遗余力地在全国各地大力推介管道地面检测技术。例如，2005 年袁厚明辞去江苏海安智能（检测）仪器制造厂总工程师职务后，在湖北襄樊创建了震柏地下管线检测有限公司，开办全国管道检测技术培训班数百期，成为全国管道检测行业的专家，至今活跃在管道地面检测市场。这个时期，中国石化管道储运公司新乡输油处的张明举带领部分职工在 2000 年前后创办了民营检测机构——河南啄木鸟地下管线检测有限公司，李永年从冶金部地质勘查研究总院退休后，带领他的几个弟子创办了保定驰骋千里科技公司，林守江则在代理英国雷迪检测仪器的同时也做起了管道检测项目，北京科技大学路民旭在 2004 年创办了民营北京安科管道检测技术公司，西安管材研究所的王世宏、罗同等人走出西管所后创办了北京西管安通有限公司等。这些公司无一例外地以管道地面检测为主，成为我国管道检测技术服务领域的开拓者。

2. 地面检测是系列检测技术方法的组合应用

管道地面检测技术主要包括：管线探测、防腐层质量状况检测、阴极保护效果检测、杂散电流干扰检测、管体腐蚀损伤程度检测、管体应力集中状况检测、管线安全风险评价七个方面。

管道走向与埋深探测是管道地面检测的基础。所谓管道探测就是指在非开挖的情况下，利用物性差异（如地下管线与周围土壤、水泥、河流水质等介质之间就存在电磁性差异）采用发射和接受电磁波、雷达波的方式，探测地下管线的走向与埋深。可以用 PCM、RD4000 等探管仪探测，也可以用电磁波探测，即管线雷达进行探测。既可以探测金属埋地管道，也可探测非金属埋地管道。

地下管道的防腐层质量状况是地面检测法分析管体腐蚀损伤的重要参考或切入点。而防腐层质量状况检测主要内容包括：用多种手持式仪器，沿已经探明的管道路径上方，通过测量防腐层的绝缘电阻、视电容率等参数，经过数据分析获得管道防腐层的质量状况；进一步分析可以确定防腐层的剥离、老化状况；通过测量管道沿线土壤中交流地电位梯度的变化，查找防腐层破损点并准确定位；在确定其破损点地表位置之后，通过 PCM 接收机上显示的电位差的分贝数可以区分破损程度。通过以上操作测量与分析，从而实现对管道外防腐层的整体质量状况（防腐层沿管线分布的各个部位的质量状况）进行全面的评价。

阴极保护效果也是分析和判断管体腐蚀可能性的重要参考，因此阴极保护效果检测是地下管道地面检测的内容之一。阴极保护效果检测是运用特定仪器，在反复通电又断电的状态下，测量管道上每个点的断电瞬间对地电位。如果某个点的断电电位（或阴极极化电位）足以阻止腐蚀电流（也可以是杂散电流）的流出，即被保护金属管道在大地电池中维持阴极状态，那么这个点的防腐层即使破损也不会有电流流出，即管道表面只发生还原反应，不会发生金属离子的氧化反应，使腐蚀受到有效抑制，管道在该点就不会被腐蚀，我们就说该点得到了保护。在实际检测当中，我们只要测得该管道的阴极保护电位（即管/地界面极化电位）达到 $-850\mathrm{mV}$ 或更负（但不能超过 $-1200\mathrm{mV}$）或其阴极极化电位不小于 $-100\mathrm{mV}$ 就行。

杂散电流的存在对管道腐蚀影响极大，可以在很短时间内使管道腐蚀穿孔。因此，对杂散电流检测同样是管道地面检测的主要项目之一。杂散电流干扰的检测通常是通过长时间连续记录管道交流电压、分析管道交流电压的波动状况或直接测量直流杂散电流的大小和方向等来获得杂散电流的干扰情况，为排除杂散电流干扰提供依据。

管体腐蚀损伤状况检测是地面检测最主要的目的。正如前文所述，目前主要有三种技术在此领域获得了应用，即超声导波检测技术、磁应力检测技术和瞬变电磁检测技术。其中超声导波检测还算不上严格意义上的地面检测方法，因而主要就是后两种方法。后两种方法是通过测量管线周围磁场变化的方式反演管体腐蚀损伤状况。

管道发生应力集中现象时，不一定管道就有腐蚀损伤（当然，管道发生腐蚀损伤时肯定有应力集中现象）；但是应力集中最终会导致管道疲劳撕裂、加剧腐蚀等问题的产生。因此，应力集中也被列入地面检测的内容。其基本方法仍然是运用前述的 MTM 检测技术，当然也可以通过在管道表面预先贴应变片，然后通过检测应变信号得到应力集中的大小。

所有地面检测信息获得以后，还需要综合各种检测数据及判断结果，对管道的安全风险程度进行综合评估，从而给出风险等级以及处置或预防的建议，这就是基于地面检测的管道安全风险评价。

以上七个方面构成地面管道检测的主要内容。这些工作完成以后，就可以得到管线目前的安全风险程度甚至风险发展趋势，从而为我们提前应对提供可靠的技术支持；而且上述检测不影响管道的生产运行，不需要开挖，检测的安全风险很小，环境污染可控，这便是地下管线地面检测的意义。

显然，地下管线地面检测是一种组合检测技术，并且有一定的先后顺序要求，所以，本书作者在 2005 年就针对地下管线地面检测特点，提出"组合检测技术""八步工作法"等概念，并在 2008 年由中国石化出版社出版的《油气管道防腐蚀工程》一书中对其作了系统阐述。

3. 推动标准建设使地面检测打下深刻的中国烙印

从 2000 年开始，我国虽然引入了管道检测理念，引进了管道检测仪器，对油气管道实施了检测，但是一直处于没有国家标准的状态。当时在检测中借鉴的方法标准主要是 CJJ 61—1994《城市地下管线探测技术规程》、DZ/T 0187—1997《地面瞬变电磁法技术规程》、SY/T 5918—1994《埋地钢质管道沥青防腐层大修理技术规程》等。到 2006 年石油系统才颁布了行业标准 SY/T 0087.1—2006《钢质管道及储罐腐蚀评价标准 埋地钢质管道外腐蚀直接评价》。

没有标准和规则显然不利于工作的推进，也不利于检测质量的稳定和检测流程、报告格式等的规范化。2005 年，胜利油田腐蚀研究所结合在胜利的检测实践及全国其他单位的研究成果，并依据从国家特检院获得的《长输管道定期检验规则》（草案）内部资料，开始自身的检测规程的起草工作。李永年在这个标准的编制过程中发挥了很大的作用，这个标准中的一些重要操作方法标准来自 DZ/T 0187《地面瞬变电磁法技术规程》。而这个规程主要是地质勘察调查工作者使用的标准，一般人很难深刻地领会其方法实质和技术关键，李永年曾是冶金部勘探研究总院的研究员，也是他将这个应用在勘探找矿上的技术拓展到埋地管道检测领域，并结合十余年实践探索，形成了适用于埋地管道地面检测的系统理论、方法。到 2005 年年底，完成了《油田埋地管道腐蚀地面检测评价技术规程》编写，重点对利用瞬变电磁原理实施地面检测埋地管道的腐蚀剩余壁厚进行了技术方法总结归纳，初步规范了检测程序、操作方法、数据采集、技术指标、评价方式等。2006 年对该规范又进行了一次修订，被审定为中国石化企标，并命名为《油田埋地管道腐蚀与防护状况地面检测检验技术规程》（Q/SH 10201740—2006）。

其实，在 2005 年胜利油田腐蚀研究所开始思考制定油气管道地面检验检测规程的时候，国家特检系统是根据国家质量监督检验检疫总局（简称国家质检总局）2003 年 4 月 17 日印发的《在用工业管道定期检验规程》（试行）来对油气管道进行检验的。这个试行版标准一试行就是 15 年，直到 2018 年才变成正式标准 TSG D7005—2018《压力管道定期检验规则——工业管道》。

在 2009 年国家质检总局又推出了 TSG D0001—2009《压力管道安全技术监察规程——工业管道》的国家标准来指导工业管道的监察与检测检验。当然这个标准从立项到正式出台，时间也很漫长。大概 2002 年 11 月，国家质检总局特种设备安全监察局（简称特种设备局）向全国锅炉压力容器标准化技术委员会压力管道安全分技术委员会（简称管道分会）下达了本规程的起草任务书。2002 年 12 月，管道分会组织有关专家成立了起草组并在上海召开工作会议，形成了《压力管道安全技术监察规程——工业管道》的编写大纲和基本内容。到 2009 年 5 月，差不多用了 8 年的时间才完成起草。可见，在一个相当长的时间内，一直没有一部适合油气管道的专业标准甚至正式一点的参考标准。

实际上，国家特检系统很早就意识到他们执行的这个标准的局限性，因为这个由合肥通用设备研究所起草的标准主要是依据石油化工行业的工艺管网及其他化工管道的安全运行条件提出的，与油气埋地管道的环境状态、安全要求差别很大，所以中国特种设备检测研究院在 2005 年已经开始结合石油行业相关的工程验收标准、国外对油气管道安全检验的研究成果讨论起草一个名为《长输管道定期检验规则》的标准草案。只是由于技术条件等方面的制约和认识的局限性，直到 2007 年 3 月，国家质监总局特种设备局才正式提出《长输（油气）管道定期检验规则》起草任务。中国特种设备检测研究院组织起草组，2008 年 1 月在江苏省常州市召开了起草工作会议，对草案进行了研讨，修改形成征求意见稿。2008 年 5 月，特种设备局以质检特函〔2008〕37 号文征求有关单位和专家的意见，根据征求的意见，改名为《压力管道定期检验规则——长输（油气）管道》。2009 年 6 月，特种设备局将送审稿提交国家质检总局特种设备安全技术委员会审议，修改并形成了报批稿。2010 年 8 月 30 日，国家质检总局最终批准颁布了 TSG D7005—2018《压力管道定期检验规则——工业管道》标准。

国家长输管道检测检验标准的出台显然离不开全国管道检测不断发展的大形势，也离不开民营检测机构日益成熟的现场检测经验。我国管线检测没有完全遵从西方发达国家以内检测为主的模式，而是内外检测兼备，作为实践经验集成的标准也具有了中国特色，不可避免地打上了中国烙印。

1.3.2　瞬变电磁检测技术是目前地面检测的核心技术

瞬变电磁技术是目前地面检测技术的核心技术之一。原因在于其可以从地面直接得到管体腐蚀损伤程度大小与位置判断，自提出并得到初步的实践证实以来，就受到业界的关注，可以说是地下管道地面检测的核心技术之一。有了瞬变电磁检测技术的加盟，使得综合运用系列磁法检测技术而形成的地下管道地面检测技术成为管道检测中最科学、最全面、最经济实用的检测方法之一，成为管道检测技术的重要发展方向。

虽然说，仅仅依靠瞬变电磁检测技术并不能完全实现管道检测的目标、完成管道检测的基本任务，但是瞬变电磁技术确是地下管线地面检测的核心技术之一，甚至可以担纲核心检测技术之重任。

影响管道安全的直接风险显然是管体已经存在的腐蚀损伤状况，其他隐患比如防腐层损坏、阴极保护效果不佳、杂散电流干扰、应力集中等只有进一步发展到使管体发生了腐蚀损伤（包括撕裂）才能直接危及管道安全运行。所以管线检测最主要的目的是发现或寻找管体腐蚀损伤具体位置以及确定腐蚀损伤的程度。

通过前文的介绍，显然只有瞬变电磁检测技术与磁应力检测技术是目前在地面检测系列技术中可直接用来检测判断管体腐蚀损伤程度的技术。而磁应力检测技术实践还比较有限，其发展前景有待观察，所以，目前瞬变电磁技术在地面检测技术中处于核心地位。

1. 管壁厚度 TEM 检测技术是最经济实用的普查手段

地下管道安全隐患普查是目前管道运营企业需要定期进行的一项法定义务。既然是定期普查，显然投入不能太大，不能过多影响生产。因此，经济便捷的技术最适合承担此任务。目前，普查都采用地面检测的方式进行。隐患普查虽然有各种手段，但是，TEM 检测技术在地下管线地面检测中具有核心地位。原因就在于：管壁厚度 TEM 检测技术可以通过地面检测查明管道严重腐蚀或重大损伤部位，其他手段主要是解决路由坐标、埋深、防腐层状况、阴极保护效果等，显然只具有辅助功能。地下管线严重腐蚀或重大损伤隐患显然是管道运营企业最关注的，这是其他地面检测手段无法做到的。即便是低频导波检测也需要开挖，将探头沿管道周圈直接固定在管道上，因此只适合穿跨越等特殊区段的管线检测。而地下管线的主体部分的腐蚀损伤只有 TEM 技术可以检测到，即便是 MTM 技术可以用，目前来看其可靠性仍然不及 TEM 技术。

2. 连续式数据采集使 TEM 实现了高效全覆盖检测

最初的 TEM 检测技术的最大局限性在于：其数据采集采用"点测"，即沿管道按一定间距布置测点进行基础检测，发现异常再加密检测，存在隐患（即便是严重腐蚀区段）漏检的可能。加之其获得的管道剩余壁厚是一段管道的平均壁厚，显然对于孔蚀、裂纹、小范围腐蚀或损伤无法通过 TEM 检测发现。在这两个问题的推动下，参考磁力层析检测（MTM）技术和磁记忆检测（MMM）技术的数据采集方式与分析方法，从 2009 年开始，李永年、李晓松、尚兵等人，在胜利油田腐蚀研究所的支持下，利用胜利油田腐蚀研究所的试验基地，反复模拟，尝试着让瞬变电磁传感器移动起来，经过大量研究试验，取得了较好的效果，于 2010 年首次提出了 TEM 连续式数据采集技术，同年正式命名为"连续式管体腐蚀全覆盖 TEM 检测方法"。2011 年 5 月，与胜利油田腐蚀研究所一起，在中国石化储运公司潍坊处管理的东黄输油管线复线上，首次将"连续式管体腐蚀全覆盖 TEM 检测技术"应用于实际检测。

图 1 - 10 为保定驰骋千里科技公司杨辉等工程师用连续采集器在西北油田对某输气线做 TEM 检测；图 1 - 11 为胜利油田郝洪友总师及王同义、师祥洪等领导与本书作者一起在胜利某现场查看 TEM 检测发现的埋地管线隐患开挖验证情况。

图 1 - 10　西北油田 TEM 检测现场　　　图 1 - 11　胜利油田 TEM 检测现场验证

管体腐蚀全覆盖 TEM 检测技术的推出，使得重大腐蚀损伤隐患漏检几率大为下降，原因就在于通过分析连续式检测数据的重现性，有助于采取有效措施，提高判断管壁厚度异常的准确性，从而降低甚至消除漏检。这种采集方式的提出，可以实现对管道的快速全覆盖检测。

3. 聚焦发射技术使 TEM 检测技术更趋成熟

连续式数据采集虽然可以实现对管道的快速全覆盖检测，有助于提高检测效率、降低漏检率，但是在采集过程中要尽量保持回线（传感器）与地面之间有大体相同且较近的距离，而两次采集时的随机干扰（如行进速度、回线振动干扰）是不同的，如抬高了距离，使得线框离管线更远、信号减弱，从而造成一定的误差。也就是说这种技术的运用，仍然无法提高检测精度，甚至还有牺牲精度的倾向。特别是对于并行敷设的管道以及附近存在电磁干扰（如管道附近有高压输电线路等）的管道，检测得到的数据失真严重；即使是单根管道且周边电磁干扰较轻环境下的局部腐蚀或小范围腐蚀损伤的检测，由于每个检测点覆盖管段范围大，分辨率也比较低。

从 2010 年起，胜利腐蚀研究所杨勇博士与成都信息工程大学合作，借鉴他们在经颅磁刺激技术中应用的磁场信号聚焦技术，利用遗传算法初步计算多线圈阵列激励磁场聚焦效果,验证了阵列技术实现磁场信号聚焦技术的可行性。通过理论计算、数值仿真、简化阵列设计方案,设计出具有磁场信号聚焦效果的线圈阵列。该阵列不仅易于加工,而且便于在现场测试,阵列激励的聚焦信号也利用磁场测量装置进行了验证。测试结果表明实际聚焦效果与理论计算结果误差在10%以内。

2013年,对设计出的聚焦阵列开发瞬变电磁仪器控制主机,重点对方波信号瞬间关断装置进行了设计,成功将方波信号关断时间从原来的$500\mu s$缩短至$20\mu s$,并研制成功磁场信号接收机,与线圈阵列实现了阻抗匹配。此外,该技术在胜利油田东辛采油厂原油外输管线上进行了测试验证,采集出聚焦信号的管道响应。

2014年,通过数值计算与试验验证相结合、正演与反演计算相结合的方式,对管道响应信号的分析算法进行了研究,得出管道响应信号与管道剩余平均壁厚的对应关系公式,开发出聚焦信号TEM管道剩余平均壁厚分析算法及软件。

2014年开始,磁场信号聚焦瞬变电磁技术开始在胜利油田管道检测中进行应用,尤其是在胜利油田滩海管道检测工作中获得大量应用,并且在使用过程中不断优化、完善。

与传统瞬变电磁检测仪相比,采用聚焦发射技术的瞬变电磁检测仪极大提高了管道局部腐蚀分辨率,使检测精度得到提高。至此,TEM检测技术逐步走向成熟。

4. 瞬变电磁法检测相对于其他检测方式性价比更高

瞬变电磁检测技术与磁应力检测技术比较,技术更成熟,应用更广泛。

瞬变电磁检测技术与低频超声导波技术比较,是更彻底的地面检测技术,更便捷方便,不受检测距离的限制。

瞬变电磁检测技术与管道内检测技术比较,对于管体腐蚀损伤隐患的检出率几乎相当,只是对于裂纹、变形缺陷与内检测有一定的差距。但是,瞬变电磁检测的便利性、安全性、经济性是内检测无法比拟的。因此,尽管存在各种各样的困难,瞬变电磁检测技术这几年仍然在不断地被推向全国许多地方,进行各类埋地管线的检测实践,并取得了不少成果。

2011年5月在中国石化东黄复线上进行了连续性TEM检测的试验;2012年4月承担了中国石化大牛地气田集输管道埋地管道全覆盖TEM检测工程;2012年10月在中国特检院院内预制缺陷管道进行了连续性的瞬变电磁检测试验;2012年12月在中国石油西南油气田分公司进行了埋地管道全覆盖TEM检测试验,并与内检测资料进行了对比;2013年7月在北京通州次渠工业园区内的燃气管道进行了全覆盖TEM检测;2013年4月向国家知识产权局申请"连续诊断管体金属腐蚀与缺陷的全覆盖瞬变电磁检测方法"发明专利,2015年12月授予专利权证书;2015年12月在中国石油西南油气田分公司进行了"高含硫埋地管道壁厚 TEM 全覆盖检测""重庆气矿埋地管道壁厚 TEM 全覆盖检测"工作，取得了良好的效果；2018 年 5 月，在与中国石化西北油田公司进行了瞬变电磁检测技术交流，并于同年 6 月至 8 月，针对西北油田管道以点蚀为主要特征，其他检测手段受技术条件限制均存在比较多的漏检，无法准确判断西北油田管线腐蚀状况，大多检测公司不愿意涉足西北油田管线腐蚀状况检测的问题，保定驰骋千里公司的尚兵、李晓松等人在西北油田采油一厂、采油二厂等单位进行了全覆盖连续性 TEM 检测试验，经开挖验证，取得了比较好的检测效果。说明使用全覆盖连续性瞬变电磁检测技术，对点蚀这样的腐蚀缺陷是可以检测出来的。

本书作者经过对比分析认为：目前，内检测技术综合可信程度并不比 TEM 检测技术高多少，但是内检测引起业界高层研究者的关注程度要远比 TEM 强，获得了充足的研发资金，这也是内检测发展的优势。毕竟任何新技术都是很昂贵的，没有大量试验研究资金的注入，想获得突破是不现实的。从这个方面讲，瞬变电磁检测技术要想获得大的发展，必须先做好宣传，使更多的人认识到这种独特检测思路的价值所在。

1.3.3　磁应力检测在地面检测技术系列中前景可期

虽然，从目前来看，在管道地面检测技术系列中，磁应力检测技术不如 TEM 技术成熟，但是探索磁应力检测技术的机构和研究者更多一些，且在一些方面已经显示出不俗的表现。下面这段文字是保定驰骋千里公司一名叫刘垚江的员工写的一段题为《环焊缝开挖磁力仪使用心得》工作总结，具体内容如下：

2017 年 10 月我公司承接甘陕管理处西一线 70 处补口带下腐蚀、19 处补口带下阴影和中靖联络线 1 处补口带下腐蚀进行开挖、原防腐层去除、管体清理、数据测量、补强、防腐修复、管沟回填及地貌恢复的工作。

为实现环焊缝地面准确定位，通过将环焊缝管道建设期数据与内检测数据进行数据对齐，利用内检测数据中的定标点对风险环焊缝实施地面定位。内检测数据定位实质是采用地面标记将长输管道分段（1km 左右），由于检测器里程轮打滑及地面地形、作物、建筑物等的影响，利用内检测数据定位可能会造成一定偏差。因此，需要开挖探坑先找到一个环焊缝，根据上游交点下游交点的信息来判断焊缝的准确性。

由于管道旁边有光缆敷设，探坑开挖必须人工作业，首先利用探管仪来确定管道的位置，挖到管道正上方时查看是否是环焊缝，如果不是那就顺着管道上游或下游继续开挖扩大作业面积，耗时耗力。这就涉及到一些征地的赔偿问题，假如说再遇到一些土质较硬、山地石子较多的环境下，更增加了施工的难度。

我记得当时有一处需要修复的环焊缝在一处山坡上面，那里土质较软并且下面伴有碎石子非常难施工，当时雇佣了6名挖掘工人过来，工头见了我就说：咱们别在这里干了，这里你三天都不能修复完成。我说你怎么知道？给你多加点钱，你干活就是了。他却说：前两个月，我们在这里跟别的单位挖过一次，跟你们做的工作是一样的，挖下去就不是焊缝。这里土质太软，也不敢在管道两侧继续掏洞，所以还得在之前的探坑旁边重新挖一次，一连挖了两个大坑才找到焊缝。然后根据焊缝的特点才找到需要修复的点位，总共加起来挖了4个作业坑，工人费力不说，老板也不高兴。我告诉他，最多挖两个坑就能搞定。工头一脸不相信的样子，只是出于无奈，被动地配合着开挖。

我根据内检测提供的数据，找到开挖的地方做好标记，然后利用磁力仪在标记的区域查找异常点，等一系列工作完成后，告诉他们这里挖下去就是焊缝。负责开挖的民工根本不相信，有些人带着好奇的心思说挖挖看吧。5m×3m的作业探坑，刚挖到管道时焊缝出现了，且焊缝基本在中心位置！工人当时就跟中彩了一样大笑起来。然后我们根据焊缝的特点又确定了需要修复的地方，只用了一天的时间就完成了修复作业。工头后来说还是你们的仪器先进，跟着你们干活省心。

磁力仪很好地解决了这一系列问题，它可以准确地测出环焊缝的位置，为作业施工提供了便利，必要时还能调整挖掘工人的情绪。

由此可见，磁应力检测技术不仅实用，而且便利。同时也在一定程度上证明，内检测能发现的隐患，地面磁应力检测也可以发现。目前，磁应力检测技术研究在管道地面检测领域已经引起了很多机构与研究人员的关注。

从这个员工的工作总结中，我们更真实地体会到地面检测技术中磁应力检测技术的便捷与实用之处。既然我们花那么大的代价做了内检测，而得到的结论也仅仅是告诉人们，某处存在缺陷，需要用超声波再次确认缺陷的存在与否、缺陷的大小和严重程度。这说明内检测技术仍然处于定性检测的性质，而且，这个定性检测得到的结果还不容易寻找到，现场复核人员需要用磁力仪（磁应力检测的一种仪器）来寻找这些可能的缺陷点。这不就是说，用便携式磁应力检测仪也同样可以发现这些隐患点或缺陷点吗？进而可以代替内检测器所做的工作吗？

实际上，关于磁应力检测的试验人们一直在进行，它一直吸引着管道检测人员研究探索的目光，并且取得了一些实实在在的成果。

1994年杜波夫（Doubov）在《Metal magnetic memory》一文中首次介绍了金属

磁记忆概念。1997 年在美国旧金山举行的第 50 届国际焊接学术会议上俄罗斯学者杜波夫首先提出金属应力集中区的磁记忆检测效应，并形成了一套全新的无损检测与诊断技术——金属磁记忆检测技术（Metal Magnetic Memory Test）。在大会上磁记忆法获得承认，国际焊接学会推荐使用该方法对设备的应力变形状态进行评定，并制定了金属磁记忆方法的发展规划。1999 年 10 月在汕头召开的第七届全国无损检测年会上，杜波夫教授在大会上向中国学者介绍了磁记忆检测的原理及其在管道、锅炉压力容器上的应用，揭开了我国在磁记忆研究领域的帷幕。2001 年 MTM 技术所属机构 Transkor – K 研究和发展中心有限责任公司成立。

　　2007 年俄罗斯动力诊断公司发布了《采用金属磁记忆方法无接触磁测检查石油天然气主干管道及其分支的规程》。2009 年川斯科公司发布了《运用非接触式磁力层析方法进行管道技术状况诊断指南》（РД102 – 008—2009，由俄罗斯联邦矿工业委员会批准）。

　　在中国，保定驰骋千里公司的李永年、天津嘉信的林守江以及中国工程物理研究院、四川汇正、川科斯的工程技术人员也一直在进行着该技术的探索开发工作。图 1 – 12 为天津嘉信公司人员在天津大桥附近、山东科通公司在济宁煤矿塌陷区特殊地段用磁应力检测仪检测管线应力集中。

图 1 – 12　磁应力检测仪检测管线应力集中

　　下面仅仅列举了保定驰骋千里公司李永年等人这几年探索的足迹。

　　2001 年总结了 20km 昆明煤气管道的检测数据，得出埋设年限越长，其综合参数（电导率和磁导率）越大的规律，符合磁记忆理论。在 2002 年发表的论文《管体视电阻率与腐蚀和疲劳损伤的关系》中也对其进行了阐述。

　　2009 年 6 月在华北油田进行了金属磁记忆埋地管道检测试验，使用俄罗斯动力诊断公司生产的 TSC – 3M – 12 应力集中测量仪，对管道缺陷的磁记忆诊断方法进行了研究，其结果发表在论文《埋地管道缺陷磁法检测技术实验》中。

　　2013 年磁测设备样机试制成功，在胜利油田腐蚀与防护研究所预制缺陷埋地管道上进行了对比测试，取得了良好效果。

2015年进行了盗油卡子的检测定位试验工作。同期在新疆油田进行了检测实践，磁测设备基本定型。

2016年在长庆油田工程实际应用。

2017年在新疆塔里木油田工程实际应用。

2018年3月，在西气东输内检测补口带下阴影修复项目中准确定位焊缝位置，定位误差小于1m，使得以往至少开挖3处探坑才能确定焊缝位置变为开挖1处即可，大大减小了土方开挖量，降低了修复成本。

2018年7月在新疆塔河油田进行瞬变电磁检测的同时，也开展了磁记忆检测，在对测试数据的分析过程中，发现了一些瞬变电磁和磁力的异常关系，经过实际开挖对比，检测效果良好，为下一步同时使用磁测方法和瞬变电磁方法，发挥各自优势提高效率，快速发现异常和缺陷提供了良好的示范作用。

与瞬变电磁技术（TEM）相比，磁记忆检测不需要人工源，设备轻便、检测效率高，可以使用磁法检测预先筛选异常管段，再使用瞬变电磁技术详查。因此在继续研究瞬变电磁技术的同时，国内不少机构也开始自主研发磁测设备。这说明，磁应力检测技术的前景非常可期。

其实，磁应力检测技术不仅可以应用在地下管线的地面检测中，还可以用于管道内检测，主要是新建管道。无论是漏磁内检测器、涡流内检测器，还是射线超声内检测器，只能检测出管道已经产生的腐蚀和损伤缺陷，无法检测出应力集中区。特别是采用高等级钢新建的管道，焊接时会产生热应力，打压试验后部分热应力得到释放后会产生新的应力，这些应力是管道应力腐蚀区域和延时裂纹爆裂区域发生破裂的主要原因。因此，对新建管道实施应力检测是对事故萌芽的检测，是对事故的一种预防，因而是保障新建管道长期稳定运行的有利手段。

1.3.4 管道检测技术在灾难性的废墟中反思前行

2013年11月22日，山东省青岛经济技术开发区东黄输油管道发生原油泄漏事故，原油流入市政排水管道暗渠并随后发生爆炸，共造成62人死亡、136人受伤，约3000m² 胶州湾海面污染，5000余米道路受损，多条供水、供电、供气及周边建筑物等不同程度损坏。

依据国家安全生产监督管理总局网站发布的事故调查报告，该事故发展及演变过程中的关键路径为：①排水管道分段分期被改造为暗渠，输油管道架空穿过与排水暗渠交叉，泄漏原油在密闭空间混合、聚集和扩散形成易燃易爆气体；②原油泄漏期间，现场处置人员违规作业，未进行可燃气体浓度检测，且盲目使用非防爆设备形成点火源引发爆炸；③事故现场应急救援不力，未有效进行风险研判和启动相关应急预案，致使事故后果扩大。

可以说，东黄管道泄漏爆炸只是历史上重复发生的类似事故之一。

1992 年 4 月 22 日，墨西哥瓜达拉哈拉市一条汽油管道泄漏，引发连续爆炸，造成 206 人死亡、1470 人受伤、1.5 万人无家可归，1124 座住宅、450 多家商店、600 多辆汽车、8 公里长的街道及其他设施毁坏。

2000 年 1 月 27 日，广西贵港输油管道泄漏。某村民出于好奇，试点了一下漂浮在鱼塘的层油，顷刻间鱼塘一片火海。明火通过下水道明沟蔓延到南梧公路的下水道暗沟引起爆炸，致使 2 公里街道公路在连环爆炸中毁坏，9 人死亡、16 人受伤。

2014 年 7 月 31 日，台湾高雄市某化工厂输送丙烯管线破损，沿着雨水下水道蔓延，遇火源引发连环爆炸。烈焰冲十五层楼高，造成 32 人遇难、321 人受伤，居民奔逃。

以上四起事故均为油气（石化）管道泄漏后在城市排水系统的爆炸，爆炸物均为管道泄漏到排水系统中的挥发性易燃石油化学气体。

令人痛心的是：始建于 1985 年的东黄输油管道，原本附近没有排水暗渠隐患，却在 1998 年、2002 年、2008 年、2004 年、2009 年分阶段建成了排水暗渠，使其与墨西哥、贵港管道处于同样的危险境遇。排水暗渠形成的 5 个年份，全部在 1992 年墨西哥大爆炸之后，有 4 个年份还在 2000 年国内贵港输油管道泄漏引发的排水暗渠连环爆炸之后。

理性的分析东黄泄漏爆炸事故的诸多因素，才能为我们避免类似事故的出现提供指引，也才能让我们深刻理解管道检测技术选择的重要性。

1. 泄漏爆炸源于腐蚀

千里之堤，毁于蚁穴。东黄输油管道至 2013 年已运行 28 年，外防腐层（设计寿命 20 年）早已老化、破损。以某专业检测机构出具的《东黄输油管道腐蚀与防护状况检测报告》为例，2010 年 9 ~ 12 月的检测发现：88.9% 的外防腐层老化剥离，全线有 624 处破损点，其中 283 处破损点具有腐蚀活性（管体开始腐蚀）；超声导波检测最强腐蚀信号处腐蚀坑深达 0.44mm。按照土壤腐蚀速率计算，至少已经有 6 年左右的腐蚀历史了。而到 2013 年发生事故时，又过去了 4 年。

TEM 检测在 618 个区段（点）发现 353 处管体腐蚀减薄，但减薄率基本在 5% 以内。发现的最大腐蚀点的减薄也在 8% 以内。阴极保护合格率为 43.89%，但毕竟还有一定的保护作用。因此，管体腐蚀总体轻微。

但是，事故发生后，实测泄漏处管道的剩余壁厚仅为 2.2mm，减薄率接近70%，这说明该部位在暗渠施工时，外防腐层可能已经受损，发生腐蚀的历史或许更早；随潮汐变化，海水倒灌，使管道长期处于干湿交替的海水及盐雾等严峻的腐蚀环境中，另外，应力的存在（或许还包括直流干扰）更会加速腐蚀。这或许是与排水暗渠交叉处管道提前腐蚀的最主要原因了。

2. 应力是压垮东黄管道的最后一根稻草

东黄管道破裂泄漏处的最小壁厚还有 2.2mm，就是这个壁厚也只是在爆炸应力撕裂以后的厚度，在爆炸之前的管壁厚度肯定要比这个厚度大，或许还有 3mm 左右。这个壁厚完全具有承受管道事故发生前的压力（4.67MPa）的能力。在胜利油田有一条与东黄管道输送压力大致相当的输油管道——丁义线，2004 年检测时发现，隐患处的最薄剩余壁厚只有 1.5mm，但当时并没有发生泄漏。因此，有理由推测，东黄管道之所以撕裂泄漏，很可能是管道承受了较大的弯曲应力或其他应力（如振动、挤压等），导致事故管段（撕裂处）材料韧性下降。

关于应力的破坏作用，鲁宁线管理处杨占品等撰写的《鲁宁线齐河出站管道破裂原因分析》一文，在分析 2007 年 11 月 24 号鲁宁线爆裂停输事故的原因时就指出：腐蚀减薄、应力集中、应力波动、管材薄弱点（可能存在夹杂缺陷）等是导致事故的根本原因。当时，鲁宁线出站运行压力为 4.013MPa，在齐河站出口距离绝缘法兰 20m 处，埋深 2.2m 的鲁宁管道从一螺旋焊缝处爆裂，破裂部位附近外表面存在严重腐蚀，断裂位置尖端有明显的撕裂痕迹，事后测得撕裂处最小腐蚀剩余壁厚为 2.69mm。当然，这个测得的腐蚀剩余壁厚是在撕裂过程进一步拉薄厚的壁厚，在撕裂之前真实的腐蚀剩余壁厚肯定要大于 2.69mm。因此，在腐蚀已经存在的情况下，应力集中和应力波动是导致事故的主要原因。

东黄管道上载重车辆来回穿梭引起的振动；不满流管段产生的压力脉冲造成的振动都属于振动应力来源。特别是当不满流管段内的蒸汽进入满流管段的油流中时，便产生了压力脉冲，由于蒸汽－气泡破碎产生的脉冲振动，有时是相当巨大的。1996 年美国的阿拉斯加汤姆逊山口附近管段，由于不满流产生的巨大振动，使得附近居民感觉到大地都在振动。东黄管道在事故前的输送中也可能存在不满流的现象。因此，应力（振动）可能是压垮东黄管道的最后一根稻草。

3. 连环爆炸是对无知的控诉

处于排水暗渠内及附近的管道，被混凝土盖板封死，外检测信号无法抵达管道处，因此，只能加密开挖点位，而成本因素以及与地方的协调困难，致使该段外检测没有实施。鉴于外检的局限性，2013 年初，业主又实施了内检测，检测单位又担心管道承压变形卡球，仍然未敢贸然对事故段管道实施内检，导致隐患排查未发挥应有的作用。

排水暗渠不仅影响到管道的正常检测及隐患排查工作的顺利开展以及加剧腐蚀，而且，暗渠内容易积聚易燃易爆石化气体，抽出这些气体又非常困难，导致了事故应急处置的被动与事故的扩大。2000 年贵港泄漏爆炸事故、1992 年墨西哥瓜达拉哈拉泄漏爆炸事故，同样是因管道长期腐蚀泄漏引起的，更因管道泄漏的挥发气体进入城市下水道系统形成的密闭空间而无限地放大了事故的破坏力，形成了连环爆炸。东黄管道却没有吸取教训，所以，东黄管道爆炸也是对无知的控诉。

4. 一连串的认识误区岂止只是遗憾

东黄管道检测报告提供了 15 万多条检测数据信息，却唯独缺少对事故段数公里的具体检测数据。而以其他区段的检测结论推测为整条管道安全状态的检测结论，要求"尽快实施直流干扰监测，全线大修防腐层，对占压等无法大修区段实施改线"的结论或许正确，却未能对"11·22"事故的发生起到足够的警示预防作用。从一个侧面也说明：包括检测单位在内的各方对于长期受车辆碾压、振动冲击且与管沟交叉、封闭在地下密闭空间可能导致的腐蚀加速没有足够认识。

相关部门对尽快实施大修与更换的必要性、急迫性认识不足。究其原因，一是对检测报告中提示的存在较强直流干扰对加剧管道腐蚀的认识不够；二是对管道被混凝土盖板封死段为什么未进行检测重视不够；三是对管道一旦泄漏进入密闭空间可能产生的后果认识不够。否则，也不会在报告提出全面大修的建议三年后，有关部门仍然在路由问题上纠缠，却不担心灾难可能随时降临。

应急处置时，没有充分意识到排水暗渠可能存在挥发性气体混合物及其危险性，没有单位包括各级应急部门或个人提及排水暗渠系统可能储存着危险爆炸气体以及该气体存量的估算数值。所以，未能制定出有效的抽排地下空间内积存的危险气体混合物的方案等是最应该深刻反思的所在。

正是这一连串的认识误区酿成悲剧，留下无法挽回的遗憾和损失。

通过对管道检测技术发展历程的简单梳理，我们得出的一个重要启示是：对于老旧管线、新建的直径 300mm 以下的管线，应该坚持以地面检测为主、局部开挖超声波直接检测为辅的方式；而对于新建的 300mm 以上的主管线，应以管道内检测为主，以地面检测、局部开挖超声波直接检测验证为辅的方式进行。从具体技术发展的角度来看，应该重点在提高内检测技术精度与可信度、提高瞬变电磁检测精度、消除磁应力检测电磁干扰信号、杂散电流干扰规律研究与排流效果检测具体方法改进、超声波直接检测的扫描技术开发等方面进一步加强实践探索。

第2章 管道隐患排查与电磁检测技术概述

管道自诞生之日起，就面临着各种风险，存在着各种隐患，由隐患导致的安全事故，轻者可能造成环境污染和经济损失，重者则会导致人员伤亡的惨剧。如何排查隐患是油气管道安全管理的基础，更是治理的第一步。

2.1 管道隐患形式及排查方法

2.1.1 管道隐患及其特点

1. 隐患与排查

缺陷：管道本体及附属设施缺陷是指在设计、制造、建设施工中产生的制管缺陷、机械损伤或焊接缺陷等，以及在运行使用中发生的由于外力作用、介质影响或腐蚀防护有效性不足造成的管体变形、腐蚀、开裂等。

隐患：隐患的概念比缺陷的外延略大，一般是指在油气管道建设施工或运行使用过程中，由于管道及附属设施的外部环境条件变化以及生产经营单位或相关方未执行法律法规、标准规范要求，导致存在的可能造成人身伤害、环境污染或经济损失的不安全状态，包括占压、间距不足、不满足规范要求的交叉或并行（含穿跨越）、地质灾害和管道本体及附属设施缺陷。

隐患按风险可接受程度可划分为一般隐患、较大隐患和重大隐患。埋地管道管体隐患具有隐蔽性和突发性，后果一般比较严重。

隐患排查：是指根据国家法律法规和油气管道标准规范的相关要求，识别管道安全隐患的过程。

2. 管道主要隐患形式及特点

1）占压

占压是指《中华人民共和国石油天然气管道保护法》、GB 50251 和 GB 50253 规定的管道中心线两侧各 5m 地域范围内存在建（构）筑物及其附属设施、大型物料或设备堆场、根系深达管道埋设部位的深根植物等。常见的占压主要有：居民新建、扩建房屋及围墙延伸至管线两侧5m内；管线附近企业新建、扩建厂区道路，加盖围墙形成管道占压；管道上方或周边原有道路拓宽，人行道、非机动车道变为机动车道，车流量和车型加大，对管道形成占压。

2）间距不足

间距不足是指除上述规定以外的人口密集区、建（构）筑物、易燃易爆危险品生产/经营/存储场所，特殊作业区与管道及其附属设施的距离不符合国家法律法规和技术规范的要求。主要表现为：随着城镇化进程的推进，部分区域特别是新建城区、城镇、学校、医院、居民活动广场等公共场所，管道周边居住人口不断增加，逐渐形成安全距离不足的问题；企业生产经营规模、范围不断扩大，加盖厂房、加大储存导致原有距离不再符合规范要求，形成安全距离不足。

3）不满足标准规范要求的交叉、并行（含穿跨越）

不满足标准规范要求的交叉、并行（含穿跨越）是指河流、水源地、公路、铁路、输电线缆及设施、埋地管线、市政管网等与管道及附属设施的距离不符合国家法律法规和技术规范的要求。

4）地质灾害

地质灾害是指对管道输送系统的安全和运营环境造成危害的地质作用或与地质环境有关的灾害。例如2015年12月20日受深圳市恒泰裕工业园滑坡事故影响，中国石油西气东输公司广深支干线管道受损发生泄漏。

5）管道本体及附属设施缺陷

管道本体及附属设施缺陷是指在设计、制造、建设施工中产生的制管缺陷、机械损伤或焊接缺陷等，以及在运行使用中发生的由于外力作用、介质影响或腐蚀防护有效性不足造成的管体变形、腐蚀、开裂等。美国管道与危险材料安全管理办公室统计的1988年至2008年间北美所有管道因各种原因导致的重大事故中，由腐蚀导致的重大事故占到了18%。2013年11月22日东黄输油管道泄漏爆炸事故的直接原因即是输油管道与排水暗渠交汇处管道腐蚀减薄、管道破裂、原油泄漏，流入排水暗渠及反冲到路面，现场处置人员采用液压破碎锤在暗渠盖板上打孔破碎，产生撞击火花，引发暗渠内油气爆炸。

2.1.2 管道隐患的危害与排查

当管道本体安全状况不明时，应开展必要的检测工作。

1. 管体腐蚀损伤

钢质管道的腐蚀直接或间接地引起管道事故发生，腐蚀主要集中在管道的金属损失方面。管线在运行一定时间后，由于输送介质的腐蚀性，必然会造成管线的壁厚出现整体性的减薄，管道壁厚的任何损耗肯定意味着管线结构完整性的降低，由此增大了发生事故的风险。根据管道失效的特点可将腐蚀缺陷分为均匀腐蚀、局部腐蚀和点腐蚀三大类，但因腐蚀影响因素具有极大不确定性，以及缺陷发生和发展的不确定性（特别是点蚀），需要从概率统计的角度出发对整条管线或整个管段的剩余寿命进行统计分析，找出其统计规律。

管道本体存在的裂纹也是影响管道使用寿命的重要因素，应力腐蚀的特征就是在管壁的高应力区形成腐蚀，加速管道开裂，腐蚀性物质的存在又恶化了这一情况。

开展油气管道本体检测工作是非常必要的，对提高管道事故隐患区段的预测能力，实施管道运行完整性管理具有十分重要的意义。

目前，管体腐蚀损伤状况的在线检测主要是进行内检测。但是，该技术在某些管道难以通过，甚至造成卡球，同时管道压力、流量、变形以及洁净度都会对检测精度造成影响；并且，进行内检测必须要有收发设施，一些老管道若要检测必须改装，内检测也无法实现短距离特定管段的针对性检测。

近年来，通过不开挖地面外检测确定埋地管道本体的隐患部位，并对腐蚀程度进行评估的技术得到了飞速发展。与管道内检测技术相比，该技术最大的特点在于不影响油田正常生产，且成本较低，因此该技术更适用于油气集输管道的检测。

2. 管道外腐蚀与防护系统失效

油气管道多为埋地或水下铺设，管道穿越沿途所经环境十分复杂，外部的环境介质与内部的输送介质都会给管道本身带来不同程度的腐蚀。随着管道服役年限增长，管道腐蚀概率增大，因管道腐蚀导致管道失效的事故时有发生。据统计，1985 ~ 2000 年间，美国输气管道共发生 1318 起事故，因管道外腐蚀导致管道失效的占 15.3%；通过对俄罗斯天然气管道的事故案例分析，因外部腐蚀导致管道失效的比例是 33.0%。对于埋地钢质管道而言，腐蚀所引起的失效是仅次于人为破坏的第二大原因。

防腐层和阴极保护体系是埋地管道系统完整性的重要组成部分，防腐层可以使金属与 90% 以上的电解质有效隔离，阴极保护完成余下的部分——暴露金属部分及针孔结构的腐蚀防护。随着运行时间的增加，由于补口缺陷、埋覆质量差、人为破坏以及自然老化等原因，防腐层对管体的防护作用会逐渐降低甚至失效，以致管体遭受不同程度的腐蚀。通过对油气管道腐蚀的检测可以掌握油气管道的腐蚀程度，并根据腐蚀情况适当调整运行条件，分析得出油气管道腐蚀的规律，找出管道的腐蚀状况、运行参数与防护措施之间的关系，以便控制腐蚀进程，并采取合理的防护措施，将腐蚀限制在许可的范围内，保证油气管道的安全运行。

2.1.3　打孔盗油危害及排查

近年来，不法分子受利益驱动疯狂地在输油管道上打孔盗油，严重干扰了正常的输油生产，给油田企业造成了巨大的经济损失。长输管道盗油事件也时有发生，且呈蔓延之势。特别是在 2000 年前后，我国各地油区、油气管线沿线经常被不法分子打孔盗油盗气，成为管线安全治理最棘手的问题。仅中石化 6000km 左右的原油输送管道就被打孔近万次，几乎每天都会发现 2 起以上的打孔盗油的案例。管道上被打孔，不仅造成管道企业油气损失、停输损失、环境污染，并且极易引发火灾爆炸事故。2003 年 12 月 19 日，中石油兰成渝输油管道打孔盗油发生管道泄漏，喷发的油柱高达 40 余米，导致宝成铁路停运 6 小时，管线停输近 15 小时；2006 年 8 月 12 日，中石化鲁皖成品油管道遭打孔盗油，管线停止输油 9 个多小时；2009 年 9 月 15 日，中石化鲁皖成品油管道遭打孔盗油，柴油泄漏，柴油流进附近河沟，造成大面积污染。

治理打孔盗油刻不容缓，研究盗油卡子的检测技术就成为一项重要工作。

1. 打孔盗油的特点

作案地点多为交通便利、隐蔽的地段。盗油分子为了躲避打击，多选择田间路边、小河沟旁、高速公路穿越处作案。

盗油阀门处理有两种方式：一种是早期盗油卡子未做防腐处理，随着检测技术的发展，此类盗油卡子的检出率大大提高；另一种是对盗油卡子进行防腐处理，并使用高压橡胶管浅埋引至远处，甚至采用挖地道、利用定向钻穿越的方法，引至偏僻的地方。

2. 盗油的危害

由于油气介质易燃易爆的特性，一旦发生盗漏事件，不仅会给企业带来直接的经济损失，而且将直接危害周边人员的安全。其主要危害有以下几点：

（1）盗油点不易被发现，给企业造成巨大的经济损失。

（2）盗油点一旦发生泄漏，难于查找、修补，造成损失扩大、危害加重。

（3）盗油点防腐层破损严重，管体直接与大地接触，造成管道腐蚀速度加快，降低了管道安全可靠性。

（4）盗油点处管体存在应力集中的状况，大大增加了泄漏的风险，降低了管道安全可靠性。

因此，通过有效的技术手段，及时检测、准确定位埋地管道盗油卡子的位置，对提高埋地管道安全运行可靠性、避免能源浪费有着十分重要的意义。

3. 排查检测

由于不法分子采用了许多隐蔽手段，仅靠通常的巡线检测根本发现不了盗油盗气点。如国家某条南北向成品油主输管道，不法分子利用距离该输油管线某中间站约200m的个体加油站做掩护，从加油站开挖地道到输油管道中间站内一个流量监测非敏感区，接了2个放油阀，然后用2根橡胶管引出到该个体加油站，盗油时间长达半年，给国家造成很大的经济损失，却一直检测不出来。

胜利油田腐蚀研究所经过一段时间探索，摸索出一套综合打分法来分析盗点位置，先从查出的管线外防腐层破损点入手，综合分析瞬变电磁数据、电流衰减及流向、环境状况等，综合分析评价，取得了良好的效果。

2006年，胜利油田腐蚀研究所利用综合打分法对胜采一矿47条（段）管道进行了检测，检出322处三级破损，通过计算总加权值，筛选出18处防腐层破损点具有较大的可能为盗油点。18处筛选出的防腐层破损点中，确认坨一联合站－六干渠集油干线、151站－1351阀组集油管线、74－9站－1312阀组集油管线、T103－20站－103－20阀组集油管线、T103站－103－20阀组集油管线、137阀组集油管线存在盗油卡子。开挖后发现仍在偷油的有5处，1处为近期刚封堵过的。

胜利油田腐蚀研究所与保定驰骋千里科技有限公司还结合在胜利油田专门建设的检测试验管道的模拟试验，加上长期的地面检测实践，总结出一套行之有效的盗油盗气点检测组合方法。检测步骤为：管道精确定位—防腐层破损点检测—应力检测/金属蚀失量（TEM）检测—用RD4000探测分支金属管线或用探地雷达探测分支非金属管线—管线埋深检测—土壤疏松程度与交通条件综合分析—盗点定位。该方法进一步提高了检测定位的成功率。2009年新年前后，滨南采油厂连续发生严重时输差达100m³/h的疑似盗油事件，采油厂方面立即组织20余名职工轮流昼夜蹲守30余日，仍未有任何收获。姬杰、杨为刚、孙振华接到求助邀请后，综合利用分支管线探测、外防腐层检测、声波管线泄漏检测等技术实施检测工作，不到两天时间，便检出5处盗油卡子，挽回直接经济损失近200万元。此外，2009年他们还在胜利海洋采油厂检测并验证盗油气卡子或盗窃管线9处，在胜采、集输、孤岛等单位检测中发现了9处偷盗点。

在油气管线盗点排查技术取得进步的同时，不法分子盗油的手法越来越隐蔽，需要排查技术不断跟进。纯梁采油厂樊家－小营站输油管段自2018年9月中旬起出现收油量减少的情况，纯梁采油厂对樊家站至小营站的输送液量、温度、管线压力加大监控，但各项参数未发生波动。同时纯梁采油厂组织大量人力进行全管段巡线，并对管线周边 2km 范围内的可疑点进行逐一排查，均未查出盗油点。后来姬杰、尹春峰和杨勇通过电流电位梯度法对管线进行精准定位和防腐层防护状况分析，再用管体 TEM 金属蚀失量测试分析、管道应力测试分析等多种技术，首先发现一处管壁平均壁厚度异常且应力集中现象比较明显的部位，锁定了盗油位置。经开挖发现：被盗油管道在该部位有一段金属套管，不法分子在相隔不到 3m 的管线顶部割开套管，外接两个金属短节，并通过高压软管外接，深穿管线西侧大约宽度为 25m 的西刘河进行盗油，两个盗头一进一出，一条用于盗油，一条用于注水，控制输送液量及压力的平稳，管道压力监控设备根本监测不到压差信号，隐蔽性极强。

目前，关于盗油点的检测方法主要是运用各种管道地面检测手段组合，通过综合分析获得具体的盗油点位。具体技术方法建议读者参考石仁委主编的《油气管道泄漏监测巡查技术》（中国石化出版社出版）一书。

2.2　几种管道电磁检测技术简介

电磁学是研究电磁现象的规律和应用的物理学分支学科，起源于 18 世纪。广义的电磁学可以说是包含电学和磁学，但狭义来说是一门探讨电性与磁性交互关系的学科，主要研究电磁波、电磁场以及有关电荷、带电物体的动力学等。通过几十年的研究总结，人们已经研究出多种依赖电磁及磁法原理的管道检测技术，如地下管线防腐层状况检测技术、管道探测及定位检测技术、非金属管线电磁示踪探测技术、输水管线电法定位泄漏点技术、管线杂散电流检测技术、超声导波检测技术、瞬变电磁检测技术、磁应力检测技术等。这里仅介绍几种典型的电磁法检测技术。

2.2.1　瞬变电磁检测技术

1. 方法的提出

金属腐蚀是普遍存在的自然现象。金属腐蚀只能减缓，不能消除。金属腐蚀对地下管网正常运行构成极大危害，常常造成安全事故并引起环境污染，直接经济损失巨大。为了保证企业安全生产、经济顺利发展、人民正常生活，针对管道腐蚀问题，防腐工作者做了不懈的努力，开发了多种防护技术和防腐产品，为国家挽回了巨额损失，创造了不可低估的社会效益和经济效益。中国石油天然气总公司自 1994 年起大规模进行旧管线技术改造，要求对于 70 年代和 80 年代建设的长输管道进行监测和评价。与此同时开展了"长输管道及储罐腐蚀与防护调查方法及数据库的建立"研究项目，颁布了《钢质管道及储罐腐蚀调查方法标准》（SY/T 0087—1995）等有关规定，目的在于对在线管道进行全面调查，明确其腐蚀部位和腐蚀程度，继而通过定期检测掌握其腐蚀速率，以便为管道的护养、维修、更换提供经济、合理、科学的依据。显然，这一决策是完全正确的，问题在于需要合适的检测方法与仪器。尽管该项研究及其后颁布的各项标准涉及测量土壤腐蚀电流密度的原位极化法、监测气体腐蚀性的电阻测量法、评价防腐层绝缘电阻的电流衰减法等技术和腐蚀挂片、探针等监测方法，但当时仍然缺乏准确、快速、轻便、经济、不影响管道运行、针对管体腐蚀的地面无损检测手段。为此，在广泛调研现有腐蚀检测手段、审慎剖析各种检测方法及其仪器适用性、深入现场了解急需解决的腐蚀检测问题实质以后，开始研究瞬变电磁法在管道隐患排查中的应用。

本书第一章已经论述过我国李永年研究员将瞬变电磁法（TEM）应用于埋地管道检测的过程，这里不再赘述。

近几年，随着瞬变电磁（TEM）检测技术的不断发展，在金属管体腐蚀检测方面得到了广泛应用。该技术是在不开挖、不破坏管道防腐保温层、不停产在线运行的条件下，对埋地金属管道管体腐蚀状况进行综合判断的一种技术方法。

2. 基本原理

瞬变电磁法或称为时间域电磁法，英文缩写为 TEM，其基本原理是利用不接地回线或接地线源向地下发射一次脉冲磁场，介质在一次脉冲磁场的激发下会产生涡流。在脉冲间断期间涡流不会立即消失，在其周围空间会形成随时间衰减的二次磁场。二次磁场随时间衰减的规律主要取决于目标体的导电性、体积和埋深以及发射电流的形态和频率。因此可通过接收线圈或接地电极测量和分析二次涡流场的空间和时间分布，从而达到探测目标体的目的。其工作原理如图 2-1 所示。简单地说，瞬变电磁法的基本原理就是电磁感应定律。衰减过程一般分为早期、中期和晚期。早期的电磁场相当于频率域中的高频成分，衰减快，趋肤深度小；而晚期的电磁场则相当于频率域中的低频成分，衰减慢，趋肤深度大。通过测量断电后各个时间段的二次场随时间变化规律，可得到不同深度的地电特征。

在电导率为 σ、磁导率为 μ_0 的均匀各向同性大地表面铺设面积为 S 的矩形发射回线，在回线中供以阶跃脉冲电流 $I(t)$，则

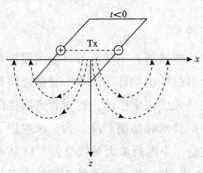

图 2-1 瞬变电磁法工作原理示意图

$$I\ (t)\ =\begin{cases} I & t<0 \\ 0 & t\geqslant 0 \end{cases} \qquad (2-1)$$

在电流断开之前，发射电流在回线周围的大地和空间中建立起一个稳定的磁场。在 $t=0$ 时刻，将电流突然断开，由该电流产生的磁场也立即消失。一次磁场的这一剧烈变化通过空气和地下导电介质传至回线周围的大地中，并在大地中激发出感应电流以维持发射电流断开之前存在的磁场，使空间的磁场不会即刻消失。由于介质的热损耗，直到将磁场能量消耗完毕为止。

由于电磁场在空气中传播的速度比在导电介质中传播的速度大得多，当一次电流断开时，一次磁场的剧烈变化首先传播到发射回线周围地表各点，因此，最初激发的感应电流局限于地表。地表各处感应电流的分布也是不均匀的，在紧靠发射回线一次磁场最强的地表处感应电流最强。随着时间的推移，地下的感应电流便逐渐向下、向外扩散，其强度逐渐减弱，分布趋于均匀。研究结果表明，任一时刻地下涡旋电流在地表产生的磁场可以等效为一个水平环状线电流的磁场。在发射电流刚关断时，该环状线电流紧挨发射回线，与发射回线具有相同的形状。随着时间推移，该电流环向下、向外扩散，并逐渐变形为圆电流环。等效电流环像从发射回线中"吹"出来的一系列"烟圈"，因此，人们将涡旋电流向上、向下和向外扩散的过程形象地称为"烟圈效应"（见图 2－2）。

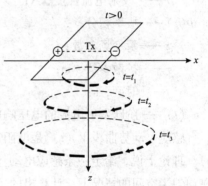

图 2－2 瞬变电磁场的烟圈效应

"烟圈"的半径 r、深度 d 的表达式分别为：

$$r = \sqrt{8c_2 \cdot t/(\sigma\mu_0 + a^2)} \qquad (2-2)$$

$$d = 4\sqrt{t/\pi\sigma\mu_0} \qquad (2-3)$$

式中：a 为发射线圈半径；$c_2 = \dfrac{8}{\pi} - 2$。当发射线圈半径相对于"烟圈"半径很小时，可得 $\tan\theta = \dfrac{d}{r} \approx 1.07$，$\theta \approx 47°$，故"烟圈"将沿 47° 倾斜锥面扩散（见图 2－2），其向下传播的速度为：

$$v = \frac{\partial d}{\partial t} = \frac{2}{\sqrt{\pi\sigma\mu_0 t}} \qquad (2-4)$$

1983 年，美国地球物理学家 Raab 和 Frisehkneecht 推导出中心回线装置的感应电压表达式为：

$$V(t) = \frac{qI\pi^{3/2}\rho}{L^3}[3\Phi(z) - (3z + 2z^3)\dot{\Phi}(z)]u(t)$$

$$\Phi(z) = \int_0^z \frac{2}{\sqrt{\pi}}\exp(-t^2)\mathrm{d}t$$

$$\dot{\Phi}(z) = \frac{2}{\sqrt{\pi}}\exp(-z^2) \qquad\qquad (2-5)$$

$$z = \sqrt{2\pi}L/\tau$$

$$\tau = 2\pi\sqrt{\frac{2\rho t}{\mu}}$$

式中 q—— 接收线圈的面积，m^2；

L—— 发射回线边长，m；

I—— 发射电流强度，A；

$\Phi(z)$——概率积分；

z——瞬变场参数；

τ——扩散参数，m；

t——时间，s；

$u(t)$——阶跃发射电流的电压响应函数。

感应电动势曲线 $V(t)$ 是电阻率 ρ 的一个非线性的复杂函数：$V(t) = f(t, \rho)$。理论上说，给定一条感应电动势曲线，可以由上式计算出与之对应的电阻率 ρ。在均匀半空间的情况下，计算出的是半空间的真电阻率，在不同时刻应该是一个常数；而在非均匀半空间的情况下，则是视电阻率。由于 $V(t) = f(t, \rho)$ 非常复杂，不能得到其反函数，因而无法直接由感应电动势计算出视电阻率曲线。

因此，不同的学者从多个不同的角度出发提出了各种各样的计算视电阻率的方案。目前常用的是采用早、晚期近似的方法，其最大的缺点是无法获得过渡区的视电阻率。

在中心回线下，时间与表层电阻率之间的关系可表示为：

$$t = \mu_0\left[\frac{(L^2I/\eta)^2}{400(\pi\rho_1)^3}\right]^{\frac{1}{5}} \qquad\qquad (2-6)$$

中心回线装置估算极限探测深度 H 的公式为：

$$H = 0.55\left(\frac{L^2I\rho_1}{\eta}\right)^{1/5}$$

$$\qquad\qquad (2-7)$$

$$\eta = R_m N$$

式中　I——发送电流；

　　　L——发送回线边长；

　　　ρ_1——上覆电阻率；

　　　η——最小可分辨电压，它的大小与目标层几何参数和物理参数及观测时间段
　　　　　　有关，一般为 $0.2 \sim 0.5 \text{nV/m}^2$；

　　　R_m——最低限度的信噪比；

　　　N——噪声电压。

瞬变电磁测深的最佳工作装置是中心回线装置，从"烟圈效应"的观点看，早期瞬变电磁场是由近地表的感应电流产生的，反映浅部电性分布；通过晚期瞬变电磁场随时间的变化规律，可以探测大地电性的垂向变化。发送回线边长和发送电流可参照公式（2-5）合理确定。时窗范围 t 的确定，取决于测区内所要探测的目标物的规模及电性参数的变化范围、地电断面的类型及层参数、勘探深度等诸多因素，具体时窗范围应通过生产试验确定。

3. 主要应用成果

胜利油田自 2004 年以来就一直开展这方面的检测工作，在技术检测中心《腐蚀检测、控制与评价研究工作发展论证研讨会纪要》中写道："仅 2004 年就在不开挖不停输的情况下完成埋地管道腐蚀检测 210 多公里，现场开挖验证符合率达到100%"，"由于对管道腐蚀状况的准确评估，实际裁定的管线更换长度比上报更换长度减少 149 公里，可为油田节约投资 9401 万元左右。"

2017 年 12 月 20 日齐鲁晚报报道：胜利油田腐蚀与防护研究所研制的"管道腐蚀智能检测仪辅助装置"，通过选用玻璃钢基材，实现了多气候和多地貌条件下工作，提高了 GBH 管道腐蚀智能检测仪（瞬变电磁管道检测专用仪器）的适应性，截至目前，运用该专利成果完成油田废弃井探测定位 380 口，累计完成管道 TEM 腐蚀检测 73.25 公里，实现年收入 125.39 万元。

中国石化报报道了应用情况（2010 年 4 月 12 日第七版，《TEM 非开挖检测技术提高管道检测时效》）：

3 月 17 日，中原油田技术监测中心安全监测站技术人员应用 TEM 非开挖检测技术，对采油三厂卫城油藏经营管理区 25～28 号站间的管道进行腐蚀监测评估。实践表明，该技术可提高埋地管道检测时效 40% 以上。

TEM 非开挖检测技术是目前国内先进的管道检测技术。该技术可在埋地管道上方形成一个可控瞬变磁场，产生随时间变化的"衰变涡流"，进而在管体周围产生与瞬变磁场同向的二次"衰变磁场"。技术人员对磁场变化动态进行分析，科学地

评估埋地管道的腐蚀状况。

技术人员对埋地管道进行前期风险预测，精确采集管道重点区域的动态数据，找准风险点，然后利用堵漏技术和防腐技术，对管道实施开挖检测，检测时效提高40%以上。

与传统检测技术相比，TEM非开挖检测技术可大幅减少管道开挖点。技术人员在管道不开挖、不停输状态下，可对管体腐蚀情况进行评估，有针对性地对风险点实施开挖检测，节约人力、物力和财力。

目前，中原油田埋地管道长2600多公里，完成日常输油、输气、注水等集输任务。该技术的应用可有效提高管道隐患监测定位的精准性与针对性，为管道更换及维护提供科学依据。

中国石油报报道：截至2014年2月17日，管道公司沈阳龙昌管道检测中心已完成铁大线浑河南岸至汇泉东路巨子产业园管段高后果区管道瞬变电磁技术（TEM）检测工作，为管道沿线居民生命财产安全及东北输油气管网的安全平稳运行提供了有力保障。

1月24日，由沈阳龙昌管道检测中心承揽的铁大线高后果区与人口稠密区管道隐患排查工作正式展开。排查工作从铁大线浑河至机场高速约8公里的老管道开始。考虑到管道穿越沈阳市浑南新区，商埠云集、学校集中，属高风险隐患区，管道公司组建专家队伍，采用TEM技术，确保在地面检测、不开挖、不破坏防腐保温层、不与管道直接接触、不影响管道正常运行等的情况下，准确检测埋地管道的剩余管壁厚度及管体缺陷情况。

2.2.2 磁应力检测技术

1. 方法的提出

1）埋地管道缺陷磁法检测技术实质

埋地管道缺陷磁法检测技术（一般统称为磁应力检测技术）基于磁法勘探手段与金属磁记忆检测原理。该技术源于俄罗斯杜波夫教授的金属磁记忆理论，不同的公司名称不同：磁记忆MMM（俄罗斯动力公司，见图2-3）、磁层析MTM（川斯科，见图2-4）、磁应力（POLYINFORM，见图2-5）等。

将两项成熟的技术结合起来检测铁磁性埋地管道无疑是一个创新，应用时需考虑以下问题：

（1）需要剥离出缺陷磁场；

（2）需要抑制非目标管道的磁干扰；

图2-3　磁记忆检测设备　　　图2-4　磁层析检测设备　　　图2-5　磁应力检测设备

（3）需要有精度与缺陷磁场量值相适配的磁力计；

（4）需要有一套科学的检测方案、数据处理手段以及合理的工作流程。

2）观测磁场的组成

无论由何种原因造成管道缺陷磁记忆效
应，缺陷磁场总是叠加在地磁场背景和管道磁
场上。

（1）地磁背景场

首先确定坐标系。设 y 轴指向管道走向
（AG）方位，x 轴垂直于管道并指向（AG-90°）
方位，z 轴垂直向下指向地心（见图2-6）。

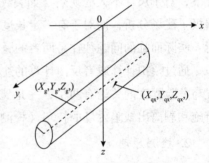

图2-6　坐标系示意图

在规定的坐标系中，地磁场用式（2-8）
给出：

$$\vec{H}_0 = (\vec{i}H_{0x} + \vec{j}H_{0y} + \vec{k}H_{0z})$$

$$\vec{H}_0 = \sqrt{Z^2 + H^2} \cdot [\vec{i}\cos I\cos(A_m - A_G + \frac{\pi}{2}) + \vec{j}\cos I\cos(A_m - A_G) + \vec{k}\sin I]$$

$$I = \text{arctg}(\frac{Z}{H}) \tag{2-8}$$

式中　　Z——地磁场的垂直分量；

H——地磁场的水平分量；

I——地磁场的倾角；

A_m——磁偏角。

通常采用三分量磁力仪采集磁场数据。在一个不大的范围内工作时，地磁场变
化很小，可以认为是"常量"，容易从观测数据中去除。

（2）管道磁场

管道磁场相对比较复杂，不仅与地磁场有关，而且还与管道的方位和倾角、规

格和材质以及敷设结构有关。在无缺陷的管段上取得相应参数以后，管道的磁场是可计算的。在观测数据中去除地磁背景和管道磁场后，剩下的就是缺陷磁场和干扰磁场了。

（3）干扰磁场

应用磁法检测技术检测管道缺陷时涉及的干扰磁场除了环境干扰（邻近铁磁性物体、电气设施等）、时变干扰（磁暴、雷电、交通人流等）以外，还包括连续采样过程中磁力仪相对目标管道位置的变化以及行进速度的变化（影响缺陷定位）所引起的随机性干扰。干扰程度以及对干扰消除的手段直接影响到检测效果。

（4）缺陷磁场

实践证明，管道缺陷磁场的量级变化范围很大，分布形式也极为复杂。一般情况下，对于尺寸不大的缺陷（如裂纹、点蚀与坑蚀群、焊缝应力开裂等）可按等效偶极子磁场分析，而对于有一定长度的应力疲劳损伤管段可通过有限长管道磁场分析。实际面临的问题往往是两者的叠加。

通过模拟计算或者反演计算的途径得到埋地管道缺陷和应力疲劳损伤管段的位置与危险程度的关键有两个，一是磁力仪的灵敏度和稳定性（硬件），二是抗干扰措施和剥离出缺陷磁场的技巧（检测方法、方案和软件）。

2. 检测原理

地球是一个巨大的磁体，钢制管道埋设在地球的土壤中会受到地磁场的磁化作用，从而产生磁场具有磁性。

如果埋设在土壤中的管道存在缺陷，同时管道中有周期性变化的负荷压力，那么在压力增大的过程中，管体的缺陷处就会形成较大的内应力。由于铁磁物质的磁弹性效应，在管道内部产生的应力作用下，管道缺陷处的磁场增强，产生外漏的磁场（也叫漏磁场）。当管道中压力减小时，缺陷处的应力减小，该处的磁场也随之变小，但由于铁磁性材料存在磁滞效应，该处的磁场无法恢复到原来的数值，而是比原磁场强度少量地增大。当管道压力发生周期性变化时，管道缺陷处的磁场就会不断地增强，管道在这个过程中相当于记忆了以前磁场的强度并且不断地增强，这个过程也就是管道的磁记忆的过程。

无论由何种原因造成管道缺陷磁记忆效应，缺陷磁场总是叠加在地磁场背景和管道磁场上。由于管道缺陷处的磁场强度不断地累计，并且铁磁性的管道即使在管道中的压力不复存在的情况下，也能够将该磁场的强度保持，所以通过灵敏的磁力计，可以在管道的上方检测该磁场，从而标定管道的缺陷位置（见图 2-7）。

非接触式磁测诊断基于测量磁场（H_p）的畸变，此畸变与应力集中区和发展中锈蚀-疲劳故障区内管道金属磁导率的变化相关联，此时磁场（H_p）变化的特点（如频率、幅度等）与管道的变形有关，这个变形是由许多因素共同作用而发生的，如加工的残余应力、工作负荷以及外界空气与介质（如土壤、水等）温度波动时自补偿应力等因素。在应力集中区金属磁导率最小，漏磁场最大，磁场的切向分量 $H_p(x)$ 具有最大值，而法向分量 $H_p(y)$ 改变符号并具有零值（见图 2-8）。

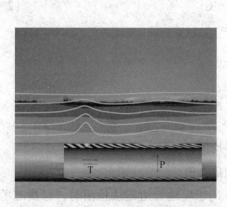

图2-7 有应力集中的铁磁管道的磁场

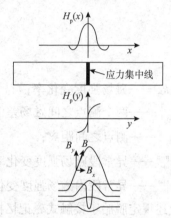

图2-8 应力集中的特征

3. 分析处理方法

由于各种磁场叠加的原因，从原始数据上往往看不到直观的结果，需要经过适当的数据处理。通过与开挖检验结果对比的途径，对磁法检测实验数据做过多种分析和处理，目的在于探寻一种既符合俄罗斯联邦国家标准 ГОСТ Р 52005—2003《无损检测金属磁记忆方法基本要求》的规定，又能抑制干扰、剥离出管道缺陷磁异常的办法。限于篇幅，本书只介绍确定目标异常的方法。

1）滑动滤波

滑动滤波可以减弱行进采集过程中无法控制的随机性误差干扰。

$$H_{pji}^s = \frac{1}{2n+1} \sum_{i-n}^{i+n} H_{pji}^o \qquad (2-9)$$

式中：H_{pji}^s 为滑动滤波后的磁场数据；H_{pji}^o 为原始采集的磁场数据；i 为观测点号；$2n+1$ 为滑动滤波窗内的数据点数；j 表示磁场分量。

2）去除地磁场背景

已知检测位置的地磁要素时，可以通过计算的方法从三分量数据中减去地磁背景场；如能准确定位观测点，两点之间相应分量相减也能去除地磁背景场的影响；更方便的办法是两个三分量探头之间相应分量相减即可去除地磁背景场的影响，但需要两个探头之间有很高的一致性。应当注意的是，三种办法都不能去除局部磁性体干扰。

3）确定缺陷异常段及异常段最大异常

ГOCT P 52005—2003《无损检测金属磁记忆方法基本要求》规定用金属变形磁指标（m）表征管道缺陷的危险程度，m定义如下：

$$k_{in} = \frac{|\Delta H_p|}{l_k}$$

$$m = \frac{k_{in}^{max}}{k_{in}^{med}}$$

$$(2-10)$$

式中　k_{in}——磁场强度变化率；

$|\Delta H_p|$——两个测点之间磁场差值模量；

l_k——测点之间距离；

k_{in}^{med}——异常段磁场强度变化率的平均值；

k_{in}^{max}——异常段内磁场强度变化率的最大值。

上述规定脱胎于接触式磁记忆检测，用于埋地管道磁法检测时，寻找磁场强度变化率的最大值容易，划分该最大值所在异常段的范围却很困难，也就是说计算k_{in}^{med}时缺乏分段的具体依据。通过对比，下述办法比较适当：

（1）通过一段管道（如30m长）的磁场滑动滤波数据［见式（2-9）］求磁场强度变化率，其中式（2-11）和式（2-12）为下探头（$k_{in_i}^b$）和上探头（$k_{in_i}^t$）的计算式；式（2-13）为下、上探头磁场分量差的（$k_{in_i}^{b-t}$）计算式。

$$k_{in_i}^b = \sqrt{\sum_{j=1}^{3} \left(\frac{H_{p_{j_{i+1}}^b}^s - H_{p_{j_i}^b}^s}{x_{i+1} - x_i}\right)^2} \qquad (2-11)$$

$$k_{in_i}^t = \sqrt{\sum_{j=4}^{6} \left(\frac{H_{p_{j_{i+1}}^t}^s - H_{p_{j_i}^t}^s}{x_{i+1} - x_i}\right)^2} \qquad (2-12)$$

$$k_{in_i}^{b-t} = \sqrt{\sum_{j=1}^{3} \left(\frac{H_{p_{j_{i+1}}^b}^s - H_{p_{j+3_{i+1}}^t}^s - H_{p_{j_i}^b}^s + H_{p_{j+3_i}^t}^s}{x_{i+1} - x_i}\right)^2} \qquad (2-13)$$

（2）求该段管道磁场强度变化率的平均值（$\bar{k}_{in}$）和绝对偏差平均值（σ）。

$$\bar{k}_{in} = \frac{1}{N} \sum_{l=1}^{N} k_{inl}$$

$$\sigma = \frac{1}{N} \sum_{l=1}^{N} |k_{inl} - \bar{k}_{in}|$$

$$(2-14)$$

（3）根据管道的具体情况确定磁场强度变化率的异常分级，一般情况下，按表

2－1分级较为适当。

表2－1　磁场强度变化率异常分级表

级别	一级	二级	三级
区间	$k_{in} < \bar{k}_{in} + \sigma$	$\bar{k}_{in} + \sigma \leqslant k_{in} < \bar{k}_{in} + 2.5\sigma$	$k_{in} \geqslant \bar{k}_{in} + 2.5\sigma$
属性	正常运行	监视运行	维修

　　缺陷性能磁指标（ГОСТ Р 52005—2003《无损检测金属磁记忆方法基本要求》中称为金属变形性能磁指标，如称作"缺陷性能磁指标"可能更广义一些）应在开挖检验时对缺陷进行接触式磁记忆检测后计算得到，它可以作为标定值对地面检测结果进行校正。遗憾的是此项工作尚未能广泛开展。

　　4. 技术特点与局限性

　　1）技术特点

　　（1）磁测技术检测的是管道应力变化导致的磁场变化，检测结果反映的是管道的应力情况，而不是几何形貌，从而能直接给出管道的危险等级，减小了管道检测信号的分析处理以及根据几何形貌应力分析的时间；

　　（2）可以在任何需要的管段上实施检测，不需要开挖就可以准确地检测到地下管道的缺陷，缺陷位置与管道地理坐标直接关联，能准确定位，从而有效减少管道的开挖工程量；

　　（3）降低管道检测成本：无需配套收发球筒；不需要进行复杂的清管作业；不影响管道正常运行。

　　2）技术局限性

　　该技术受自然环境影响较大，容易受外部铁磁性材料磁力信号的干扰，如其他金属体或经过的车辆；检测管道埋深不能超过管道直径的10倍，对于定向钻穿越段等埋深较深的管段难以实施有效检测；在缺陷评价准确性上有待提高，需要在开挖条件下配合其他无损检测技术方能确定缺陷性质。

　　5. 检测流程

　　1）收集资料

　　在实施检测前，首先收集管道的基础数据，包括管道规格、管体材质、输送介质、投产时间、最大设计压力、实际运行压力、管线长度、维修记录、以往检测报告等信息。然后进行现场踏勘，确认管道基础数据及各个管段的地面路由通过情况，制定检测方案，确定检测计划。

　　2）采集数据

　　采集数据过程需要两名技术人员，一人使用管线仪定位管道路由的精确位置，另一人使用磁力检测仪采集并储存管道磁场分布数据，同时记录管道特征点坐标、地物特征、检测长度等信息。

3）初步分析数据、确定异常点

分析数据，确定异常点位置、类型等信息，提出校验和验证缺陷点的开挖位置。

4）异常标定

使用直接检测工具对异常点管体进行接触式检测，检测工具包括测量工具（放大镜、游标卡尺、卷尺、金属直尺等）、磁记忆工具、超声检测仪、超声波测厚仪等。完成管体校验过程之后，进行最终数据分析，提交检测评价报告。

5）出具检测评价报告

检测评价报告包括：总体评价结果、管道安全操作压力、管体异常点分布情况［包括异常数量、位置、长度、类型（焊缝、裂纹、全面腐蚀、局部腐蚀、几何变形、应急集中）等］、再检测周期等。

磁测技术装备轻便、检测效率高、成本低，可以检测细小缺陷和应力集中产生的磁场信息（取决于所用磁力计的灵敏度和稳定性），由于地磁场、管道磁场、缺陷磁场、干扰磁场的信息同时叠加在所采集的磁场数据中，因此数据处理手段与异常识别能力成了检测效果好坏的关键。

2.2.3 综合参数异常评价法检测技术

有关管道腐蚀与防护状况的地面无损检测方法大多是针对防腐层的，鲜有涉及管体腐蚀和疲劳状况的地面检测手段。事实上，应当把管体腐蚀与疲劳损伤评价作为埋地管道地面检测工作的首要任务，仅仅局限于对防腐层绝缘性能的调查，显然是不全面的。综合参数异常评价法采用"一体化"的原位检测技术，并利用综合参数对被检管道进行整体评价。

1. 检测参数

综合参数异常评价法检测的四项参数具体如下所述。

1）管体视电阻 R_m

它是指单位长度管体的轴向归一化等效电阻，与管材的磁导率、电导率及管内输送介质的电阻率有关，其单位为 Ω/m。

2）防腐（保温）层的绝缘电阻 R_f

它是指单位长度防腐（保温）层的横向归一化面电阻，其单位为 $\Omega \cdot m^2$。

3）防腐（保温）层的视电容率 E_f

它是指管体与大地之间单位长度上防腐（保温）介质的归一化电容，其单位为

$\mu F/m^2$。

4）管道周围回填土壤介质的视电阻率 T

一般情况下，T 与管道沿线的地面电阻率有所区别，其单位为 $\Omega \cdot m$。

2. 主要用途

与其他地面检测方法不同，综合参数异常评价法（简称 FER）除了检测防腐层的绝缘电阻以外，还能检测防腐层的视电容和管体的视电阻。它在埋地钢质管道不开挖检测工作中的主要用途是：

（1）按 SY/T 5918 等有关规定分级评价管道防腐（保温）层的绝缘性能和介电特征；确定防腐（保温）层缺陷（老化、渗水、剥离、破损）和防护失效部位。

（2）探查管体及其配设管件的金属腐蚀或疲劳损伤状况；确定腐蚀或疲劳损伤段（点）的位置。

3. 基本原理

由于金属管体的电导率和磁导率都是有限的，连同管内输送介质、管外的防腐（保温）层以及土壤等，都属于有耗媒质，因此，沿管道传播的电磁波会随着传播距离的增大而衰减。对于物理特性与几何状态都不变化的确定的管段而言，某一频率的信号沿管道传播时的传播常数也是不变的。当某一管段的物理特性和（或）几何状态与另一管段相比发生变化（例如管体腐蚀与疲劳损伤、管壁减薄或防腐介质老化）时，传播常数也会发生相应的变化。实际上，管道检测技术主要涉及的问题是如何求得被测管段的传播常数以及如何利用传播常数最终解出表征该管段腐蚀与防护状况的物理量——防腐层的绝缘电阻和视电容率、管体视电阻率。

在等效有耗导体柱的横截面上，横向电场和与其垂直的横向磁场的比值称为特性阻抗，横向磁场和与其垂直的横向电场的比值称为特性导纳。依据特性阻抗或特性导纳可以计算出传播常数。实际上，电场的测量并不是很方便，也不是处处都能施测的。相对而言，磁场测量较为方便，通过观测磁场计算得到的信号电流可以用以下公式表示：

$$I_y(\omega_i) = I_{0i} \cdot e^{-\gamma(\omega_i t) \cdot (y-y_0)} \tag{2-15}$$

$$\gamma(\omega_i t) = -\frac{\partial}{\partial y}\ln\left[\int_{r=b} H_\theta^d(y, b, \omega_i t) \cdot dl\right] \tag{2-16}$$

式中：I_{0i} 为加载信号的振幅；$\gamma(\omega_i t)$ 为信号角频率为 ω_i 时的传播常数；$y-y_0$ 为观测点与信号加载点之间的距离。

考虑到篇幅过大，这里略去繁琐的推导过程，下面只给出传播常数的表达式以及相关参数的物理意义。

传播常数 $\gamma(\omega_i t)$ 是一个复数，在消去时间变量 t 以后可以简洁地表示为：

$$\gamma^2(\omega_i) = (Z_{Re} + jZ_{Im}) \cdot (Y_{Re} + jY_{Im}) \qquad (2-17)$$

式中：Z_{Re}、Z_{Im} 分别为管道特性阻抗的实部和虚部；Y_{Re}、Y_{Im} 分别为管道特性导纳的实部和虚部。特性阻抗可以通过管道横截面上的横向电场和与其相垂直的横向磁场的比值来求得，特性导纳在数值上与特性阻抗互为倒数，但符号相反。

1）埋地管道地面检测问题的表述

检测对象的物理模型断面如图 2 - 9 所示。图中管道中心埋深为 h；防腐（保温）层的外径为 c，管体外径为 b，防腐（保温）层的厚度为 $d_f = c - b$，管壁厚度为 d，管体内径为 $a = b - d$；管材的电导率、磁导率分别为 σ_G、μ_G；管内介质的

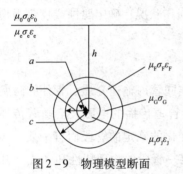

图 2 - 9 物理模型断面

电导率、磁导率、介电常数分别为 σ_J、μ_J、ε_J；防腐层的电导率、磁导率、介电常数分别为 σ_F、μ_F、ε_F；管道围土介质和空气介质的电导率、磁导率、介电常数分别为 σ_e、μ_e、ε_e 和 σ_0、μ_0、ε_0。

此外，检测信号为 $I_i = I_{0i} \cdot e^{-\gamma(\omega_i t) \cdot (x - x_0)}$，其中 I_{0i} 是加载信号的振幅，$\gamma(\omega_i t)$ 是信号角频率为 ω_i 时的传播常数，$x - x_0$ 是观测点与信号加载点之间的距离。

干扰信号为 $n = \sum_{j=1}^{s} I_{0j} \cdot e^{\gamma(\omega_j t) \cdot (x - x_{0j})}$，其中 s 是干扰信号的个数，I_{0j} 是某个干扰信号的振幅，$\gamma(\omega_j t)$ 是该干扰信号的传播常数，ω_j 是其角频率，$x - x_{0j}$ 是观测点与该干扰信号进入（直连或耦合）管道点之间的距离。

对物理模型作适当的简化后，建立起观测信号与检测物理量（管体视电阻、防腐层绝缘电阻和视电容率）之间的关系。

2）管体视电阻

令管体的等效电阻率和等效磁导率分别为 ρ_{DX}、μ_{DX}，则充满介质的管体视电阻 R_m 为：

$$R_m = \text{sqrt}(\mu_{DX} \cdot \rho_{DX})$$

$$\rho_{DX} = \frac{b^2 \cdot \rho_G \cdot \rho_J}{b^2 \rho_J - a^2(\rho_J - \rho_G)}$$

$$\mu_{DX} = \frac{1 + \kappa}{1 - \kappa} \qquad (2-18)$$

$$\kappa = (\frac{\mu_G - \mu_J}{\mu_G + \mu_J}) \cdot \frac{(b^2 - a^2)(\mu_G + \mu_J)}{b^2(\mu_G + \mu_J) - a^2(\mu_G - \mu_J)}$$

管体视电阻即为单位长度管体的轴向归一化等效电阻。管体视电阻异常与管道腐蚀以及疲劳损伤现象之间存在密切的依存关系，根据视电阻异常可以分析管体腐蚀与疲劳损伤程度，探查管体腐蚀缺陷的部位。

3）防腐（保温）层的绝缘电阻与视电容率

防腐层绝缘电阻（R_f）与防腐层视电容率（E_f）之间有如下关系：

$$R_f \cdot E_f = \omega \cdot tg\delta_f \tag{2-19}$$

式中：ω 为测试频率；$tg\delta_f$ 为防腐层的视损耗角正切。

防腐（保温）层的绝缘电阻和视电容率都是检测计算值，它们与被检测管段的管体实际电导率、磁导率以及围土电导率的大小密切相关。

综上所述，仅用防腐层绝缘电阻一个参量既不能完整地评价防腐保温层的性能，也不能查明管体腐蚀的部位。显然，需要采用更为适用的检测手段。

4. 特点

综合参数异常评价法是以管体为主要检测对象的"一体化"方法，只要所采用的检测仪器具有三个及以上频率的加载信号，即可应用此方法。其主要特点如下：

（1）不需要"预先设置"管体电阻、电感、电容或者防腐层材料的介电常数和损耗角正切等必需参与计算的物理量；

（2）采用视电容率和绝缘电阻两个参数对防腐（保温）层的防护性能进行评价，可判断防腐层剥离充水等隐患；

（3）结合常规交流地电位梯度（ACVG）信号校正方法，能更准确判别防腐层破损程度；

（4）以视电阻率作为探查管体腐蚀与疲劳损伤的基本物理量，在信噪比足够高的情况下还可以对管体腐蚀程度进行量化；

（5）与瞬变电磁管体检测技术配合使用，隐患排查内容更为全面。

5. 实施方法

1）检测流程

（1）现场工作应按照设计和规范要求，保证安全施工，取全取准第一手资料。

（2）发射机应摆放在安全平坦的地方；接地连线应与管道走向垂直并直达远离管道处的接地点；接地条件不良时，可采用多组电极并浇水，以减小接地电阻，增大发射电流。

（3）开启发射机，测试回路电阻、电流和输出电压，调试并观察激励系统工作正常且稳定后方可开始观测。若使用 PCM 系统，当其最大输出电流不足 600mA 时，必须改变接地条件以保证提供足够大的激励电流。发射操作员应随时注意电流变化并按观测操作员的要求调整频率和激励电流的大小，及时将其变化情况或调整结果通知观测操作员。

（4）观测操作员沿待测管道行进，在观测点上按设计要求观测规定的物理场量。若使用 PCM 系统，则应当：

①在采用水平磁场极大点与垂直磁场哑点法确定的管顶正上方放置探测仪，保持仪器锋面轴线竖直并旋转至水平磁场最大方位；

②读取磁场值，磁场分贝读数应在 20~80dB 之间，百分比读数则应（通过调整增益）在 30%~70% 之间；

③读取视电流，视电流以 mA 为单位，当读数小于 5mA 时应增大激励电流，必要时移动发射位置；

④读取视深度，视深度读至分米（0.1m），当深度超过仪器标称探测深度时，必须采用几何测深方法求出视深度；

⑤向发射操作员询问激励电流并告知记录员作必要的记录和附记。

（5）在每个测点上都应进行重复观测，两次观测相对误差不超过 3% 时取其之一或者两次观测值的平均值；在干扰较大或者读数不稳的测点上应进行多次观测，取其偏差最小的 2~3 个读数的平均值作为该测点的观测值；检查无误后方可移至下一观测点。

（6）对于当日因增大激励电流或次日连续工作需要而改变发射位置的情况，应在 2~3 个测点上进行重复覆盖观测；重复覆盖观测点上前后两次观测值之间应成比例，且相对误差不超过 5%。

（7）现场记录必须采用统一格式记录，应做到准确、完整、清晰，不得涂改、撕毁和重抄。

（8）每日工作结束后，应及时将现场记录整理、输入计算机，并做初步处理。

2）技术措施

（1）电磁干扰与抑制方法

与其他电磁检测手段一样，综合参数异常评价方法也会受到非目标信号的干扰，问题在于如何识别干扰和怎样抑制干扰。

影响综合参数异常评价方法应用效果的电磁干扰具有多源性的特征，大体可以分为人文电磁干扰和天然（大地）电磁干扰两种类型。

人文电磁干扰主要来源于工业用电的传输、感应和接地。工业电磁干扰的极化方向和空间分布的复杂程度与电网建设状况以及用户密集程度密切相关。此外，在变电站、雷达站、载波电话和有线广播站附近都存在强烈的交变电磁干扰，长波电台所发射的电磁波沿地球表面传播过程中也会产生交变电磁干扰。

天然（大地）电磁干扰是由太阳等离子体与地球磁场之间的互相作用以及电离层中的离子扰动所引起的地球脉动电流。其特点是虽然频率成分极为复杂，但却具有在数十平方公里的大范围内分布状况变化不大的特征。

通常，抑制电磁干扰的办法有以下三种：

①通过硬件抑制干扰：尽可能地选用性能稳定、频率选通性好、抗工频电磁干扰能力强的检测仪器。

②制定适当的观测方法：对于随机电磁干扰，采用多次叠加的手段，采集多组观测值，然后以其平均值作为检测信号值；对于固定电磁干扰，应当尽可能地避开或远离干扰源布设观测点。

③选择恰当的数据滤波手段：不可随意进行"数据光滑"，以免丢失有用信息；可以采用恰当的"先验模型曲线"对实测曲线进行相关滤波，先验模型越是接近实际情况，效果就会越好。

（2）观测误差与控制方法

研究表明，绝缘电阻的相对误差与观测值的相对误差之间呈准线性关系（比例系数自1.97变至1.74），并随着观测误差的增大而增大，几乎是观测误差的2倍；视电容率和管体金属视电阻率的误差不仅随着观测误差的增大而增大，而且还与检测信号的频率有一定关系。控制观测误差的方法包括：

①选用稳定性好、抗工频电磁干扰能力强的检测仪；

②尽可能提高距离（管长）测量精度；

③对于同一个观测采集多组观测值，然后以其平均值作为检测信号值。

2.2.4 交流地电位梯度（ACVG）与金属管道腐蚀部位判断法

1. 交流地电位梯度（ACVG）信号校正方法

1）交流地电位梯度（ACVG）检测特点

交流地电位梯度（ACVG）检测采用的是电位差（电场）装置。两只测量电极（M、N）沿管道走向（x方向）布置，M、N之间的归一化电位差表达式如下：

$$\Delta U_x = \frac{I_p \cdot \rho}{2 \cdot \pi \cdot \sqrt{(x - x_p)^2 + (y - r \cdot \sin\theta)^2 + (z - h - r \cdot \cos\theta)^2}}$$

$$- \frac{I_p \cdot \rho}{2 \cdot \pi \cdot \sqrt{(x + \Delta L - x_p)^2 + (y - r \cdot \sin\theta)^2 + (z - h - r \cdot \cos\theta)^2}} \qquad (2-20)$$

式中 ΔU_x——测量电极之间沿管道轴向的电位差，V；

I_p——破损点处流入或流出的信号电流，A；

ρ——管道周围土壤电阻率，$\Omega \cdot m$；

ΔL——测量电极之间沿管道轴向的距离（固定值），m；

x, y, z——观测点的位置，m；

x_p——破损点的位置，m；

r——管道半径，m；

h——破损处管道的埋深，m；

θ——破损点的环向角，正上方定义为0°。

实际工作中，常常是沿管道方向巡检防腐层破损点，在确定其地表位置后，记录自破损点在地表的投影点到沿管道方向一个 A 字架距离（ΔL）的电位差。

PCM 接收机显示的是以分贝为单位的电位差值，即

$$U(dB) = 20 \cdot \log(\Delta U_x) \qquad (2-21)$$

很显然，测量的电位差分贝值不仅与破损点处漏泄信号电流 I_p（取决于加载信号电流的大小和破损缺陷的严重程度）有关，而且与管道埋深甚至与破损点的环向方位有关，不可以直接用所读记的分贝数的大小来对破损点的破损严重程度作出评估。如果要使用分贝数的大小对破损点严重程度作出评估，应当使用经过校正后的分贝数据。

2）校正方法

加载信号电流校正比较简单，只需用式（2-21）计算出的结果减去破损点所在管中等效电流的分贝值即可。这是实际工作中必须要注意的。

深度校正需要考虑管道在不同埋深情况下一个 A 字架距离（ΔL）电位差的大小。如果把某破损点的分贝数记作 $\Delta U_{x=x_p}$，并且是在地面（$z=0$）沿着管道轴线（$y=0$）方向进行观测，则式（2-20）可以写成式（2-22）：

$$\Delta U_{x=x_p} = \frac{I_p \cdot \rho}{2\pi \sqrt{(r \cdot \sin\theta)^2 + (h_{x=x_p} + r \cdot \cos\theta)^2}}$$
$$- \frac{I_p \cdot \rho}{2\pi \sqrt{(\Delta L)^2 + (r \cdot \sin\theta)^2 + (h_{x=x_p} + r \cdot \cos\theta)^2}} \qquad (2-22)$$

当被检测的管道直径较小而不需考虑破损点的环向方位时，式（2-22）还可以简单地写成式（2-23）：

$$\Delta U_{x=x_p} = \frac{I_p \cdot \rho}{2\pi}\left(\frac{1}{h_{x=x_p}} - \frac{1}{\sqrt{\Delta L^2 + h_{x=x_p}^2}}\right) \qquad (2-23)$$

式（2-23）等号右侧括弧中的就是深度校正项，其意义在于使观测点相对于破损点的位置一致化。最后导出适合于分级评价的校正方法，如式（2-24）所示。

$$dB_{校正} = dB_{测量} + 20 \times \log\left[\frac{1}{I_p \times \left(\frac{1}{h} - \frac{1}{\sqrt{\Delta L^2 + h^2}}\right)}\right] \qquad (2-24)$$

以上均没有考虑破损点周围土壤介质的非均匀性和不同破损点处土壤介质的非一致性，也就是说，假定管道沿线的土壤介质的电阻率是可以当成不变化的。否则，还需要对土壤电阻率的影响进行校正。

3）评价指标

根据实际开挖经验，评价防腐层破损点严重程度的分类标准见表2-2。

表2-2　破损严重程度评价指标

破损严重程度	轻	中	严重
校正后电位差值/dB	<20	20～40	>40
采取措施	监控运行	计划维修	立即修复

管道首次评价可采用表2-2的标准分类，以后可根据实际开挖情况调整分类标准，使之与管道实际情况和管理运行要求相符。

4）具体实施方法

（1）使用ACVG方法检测并定位防腐层破损点，记录电位差值；

（2）测量并记录防腐层破损点处管道埋深；

（3）在防腐层破损点两侧各5m处测量并记录PCM电流，将两处电流的平均值作为破损点处校正用的PCM电流值；

（4）利用公式（2-24）计算校正后的电位差值；

（5）使用评价指标评价防腐层破损点严重程度。

5）实例

在距管道起点630m处有一防腐层破损点，管道埋深为0.9m。在管道不同位置加载PCM发射机，试验校正效果。

表2-3　破损程度校正对比

发射机位置/m	检测电位差值/dB	管道埋深/m	PCM电流/mA	校正后电位差值/dB
128	45	0.9	25	33
826	67	0.9	281	34

由表 2-3 可见，使用校正后的电位差值来评价防腐层破损严重程度符合实际情况。

2. 管体金属腐蚀部位的判别

埋地金属管道发生腐蚀的部位称作阳极部位，也称作腐蚀活性部位。管体遭受腐蚀并在管道外壁与防腐（保温）层剥离间隙中淀积铁的氧化物和氢氧化物。持续的腐蚀过程会造成管道穿孔泄漏。另外，腐蚀电流以及其他原因产生的杂散电流也会从防腐（保温）层破损缺陷处流出，使金属管道发生腐蚀。

管体金属腐蚀电流与管道中可能存在的外来干扰（杂散）电流互相叠加，往往不易区分，而且杂散电流也是管体金属产生电化学腐蚀的因素之一，因此，把查找可能发生金属腐蚀管段的过程称作阳极倾向分析，而把相应可能发生金属腐蚀的管段（点）称作阳极倾向管段（点）。

当腐蚀强度和范围较大时，可以根据管道中腐蚀电流的分布与变化特征来分析判断阳极所在部位。

当检测精度足够时，可以通过分析视电阻率异常来确定管体金属腐蚀部位。具体做法如下：

1）划分管段

具有相同物理特性、防腐措施以及相似的敷设环境与运行历史的管段具有相同的视电阻率异常背景。根据检测结果和其他所获资料对被检管道进行分段时，依次考虑以下条件：

（1）管道材质、规格（管径与壁厚）、生产年份、焊缝类型相同；

（2）防腐（保温）结构、腐蚀控制措施相同；

（3）埋设环境、地貌与水文特征、土壤性质与类型相似；

（4）埋设年份、运行情况和维修历史相同。

2）确定异常背景

通过式（2-25）计算视电阻率异常背景和标准偏差：

$$\bar{R} = \frac{1}{m} \sum_{j=1}^{m} R_j$$

$$(2-25)$$

$$\delta = \pm \frac{1}{m} \sqrt{\sum_{j=1}^{m} (R_j - \bar{R})^2}$$

式中　$\bar{R}$——计算管段的视电阻率异常背景值，Ω/m；

　　　R_j——第 j 点上的视电阻率值，Ω/m；

　　　m——参与统计的视电阻率值的个数；

δ——计算管段的视电阻率标准偏差，Ω/m。

3）视电阻率异常分级评价

视电阻率异常计算公式为：

$$A_j = R_j - \bar{R} \tag{2-26}$$

式中　A_j——第 j 点上的视电阻率异常值；

其他符号含义与式（2-25）相同。

初次检测可以按表2-4对视电阻率异常进行分级评价。

表2-4　管体金属视电阻率异常分级评价指标

属性	轻	中	严重
级别	1	2	3
视电阻率异常 A_j	A_j 不超出 $\pm 1.5\delta$	A_j 超出 $\pm 1.5\delta$，不超出 $\pm 3\delta$	A_j 超出 $\pm 3\delta$

注：A_j 的分级数值属于经验值。

第3章 瞬变电磁检测技术

3.1 瞬变电磁（TEM）检测方法及特点

3.1.1 检测方法概述

瞬变电磁（TEM）检测方法是基于瞬变电磁原理，在地面（不需开挖）检测埋地管道管体金属损失的一种方法，简称 TEM 检测。行业标准 SY/T 0087.2《钢质管道及储罐腐蚀评价标准 埋地钢质管道内腐蚀直接评价》将该方法作为间接检测环节判断管体腐蚀的首选方法。本方法也可用于地面以上各类金属管道储罐剩余管壁厚度的检测。由于采用非接触式信号加载方式，最适用的检测对象是单根或可视为单根的金属管道。本方法不适宜用于孔（点）蚀的检测。

如图 3-1 所示，在稳定激励电流小回线周围建立起一次磁场，瞬间断开激励电流便形成了一次磁场"关断"脉冲。这一随时间陡变的磁场在管体中激励起随时间变化的"衰变涡流"，从而在周围空间产生与一次场方向相同的二次"衰变磁场"，二次磁场穿过接收回线中的磁通量随时间变化，在回线中激励起感生电动势，最终观测到用激励电流归一化的二次磁场衰变曲线——瞬变响应曲线。

管体瞬变响应的幅值及其时变特征与管体几何尺寸和管、内外介质等因素有关。如图 3-2 所示，h 为管道中心埋深；a、b、c 分别为管道的内半径、外半径和防腐层外半径；μ_e、σ_e、ε_e，μ_f、σ_f、ε_f 和 μ_J、σ_J、ε_J 分别为管外介质、防腐层和管内介质的磁导率、电导率与介电常数；μ_G、σ_G 为管体的磁导率与电导率。

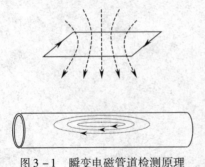

图 3-1 瞬变电磁管道检测原理

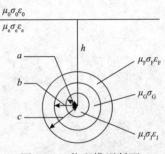

图 3-2 物理模型断面

3.1.2 数学模型

管道外介质的电导率和磁导率远远小于金属管道的电导率和磁导率，利用瞬变电磁响应的时间可分性，实际检测中可以在恰当的时窗范围内只考虑金属管道与管内介质的响应。此外，将金属管道及其管内介质作为一个外径相同的等效柱体来考虑，在管外观测时二者所产生的瞬变电磁响应相同。等效柱体与金属管道及其管内介质之间的参数关系如下：

$$\sigma_D = \sigma_G - \frac{a^2}{b^2}(\sigma_G - \sigma_J)$$

$$\mu_D = \frac{1 + \kappa}{1 - \kappa} \qquad\qquad (3-1)$$

$$\kappa = \left(\frac{\mu_G - \mu_J}{\mu_G + \mu_J}\right) \cdot \frac{(b^2 - a^2)(\mu_G + \mu_J)}{b^2(\mu_G + \mu_J) - a^2(\mu_G - \mu_J)}$$

式中 μ_D——等效柱体的磁导率；

σ_D——等效柱体的电导率。

瞬间断电以后，在回线周围包括被测管道在内的有耗介质中激励起了随时间衰变的涡旋电流，在管道正上方，与管体上涡旋电流相关的二次磁场在接收回线中激起的归一化电动势可以用公式（3-2）表达：

$$\frac{U(\tau)}{I} = \frac{8\mu}{\pi}(\bar{b})2 \cdot \frac{\bar{l}_T n_T}{[1 + (\bar{l}_T)^2][2 + (\bar{l}_T)^2]} \cdot \frac{\bar{l}_R n_R}{[1 + (\bar{l}_R)^2][2 + (\bar{l}_R)^2]} \cdot L(\alpha\tau)$$

$$L(\alpha\tau) = 4\alpha \sum_{k=1}^{\infty} e^{-(n_k b)^2 \alpha\tau} \qquad\qquad (3-2)$$

$$\alpha = \frac{1}{\mu_D \sigma_D \cdot b^2}$$

式中 $\dfrac{U(\tau)}{I}$——接收线圈中的归一化电动势；

b——管道横截面的外半径；

n_T——发射回线的匝数；

n_R——接收回线的匝数；

$\bar{b}$——由被测管道的中心埋深 h 归一化了的管道外半径；

$\bar{l}_T$——由被测管道的中心埋深 h 归一化了的发射回线半边长；

$\bar{l}_R$——由被测管道的中心埋深 h 归一化了的接收回线半边长；

$L(\alpha\tau)$——被测管道的瞬变响应函数；

$n_k b$——零阶贝塞尔函数 $J(n_k b)$ 的零值解；

τ——时间；

α——被测管道的综合时间常数。

3.1.3　检测精度与特点

1. 干扰因素

瞬变电磁（TEM）检测方法所给出的检测结果是管体金属损失率或者平均剩余管壁厚度。从理论上讲，金属损失发生在管壁内、外是有区别的，但实际检测过程中却难以区分。

自然的和人文的电磁干扰是影响瞬变电磁（TEM）检测方法检测精度的主要因素。瞬间电磁干扰可以通过提高信噪比的办法予以抑制，加大激励信号（包括激励电流的增大和发 – 收回线匝数、面积的增加）、提高叠加次数、避开干扰时间段等都是常用的手段。

2. 被检管段

被检管段是指每个 TEM 检测（点）覆盖的管长，等于所采用的回线边长（对圆形回线而言则为直径）与 2 倍管道中心埋深之和（$L + 2h$）。

3. 检测精度

检测精度是指 TEM 检测所得管壁厚度与实际管壁厚度（均指被检管段范围内平均管壁厚度）之间的偏差，用百分比表示，一般情况下不超出 ±5%。管壁厚度偏差不超出 ±5% 的情况称为检测壁厚与实际壁厚符合。实际工作中还有一个技术指标——验证符合率，它是指验证符合点数相对总验证点数的百分比，一般情况下应不低于80%。验证时采用高精度（0.01 ~ 0.1mm）测厚仪实际测量管壁厚度，测量点应均匀分布并具有统计意义；也可采用称量的办法实测金属损失量。

4. 技术特点

国内外检测埋地管道管壁厚度的主要工作流程仍然是：开挖探坑—去除防腐—超声测厚—修复—回填。显然这是一种破坏性检测方法，检测数据的代表性、评估结论的可靠性受开挖（抽样）点数及其分布范围的影响。同时，开挖检测的成本和对环境造成的破坏往往也是难以接受的。

管内检测方法虽然较直观，但它不仅对管道的建设条件、管径大小和管路平直程度有严格要求，还需要待检管道预先安装收发装置并已经做过清管处理，不可能做到不影响管道正常运行作业。因此，对于大多数已建成并且需要检测的地下管道，管内检测手段难以实施。

瞬变电磁方法与常规开挖抽检技术和管道内检测技术相比，由于采用非接触式信号加载方式，它具有在地面检测、不需开挖、不破坏管道、效率高、费用低等特点，适用于管道内检测和其他无损探伤手段不便实施的场合，特别适用于管道隐患的快速排查工作。

3.2　瞬变电磁检测仪器的设计与研发

3.2.1　总体设计及技术指标

1. 总体设计

（1）非破坏性，不用开挖即可在地面检测地下管道的管壁厚度；

（2）灵敏度（检出下限）、准确度（符合率）优于国外同类产品；

（3）抗干扰能力强，可在复杂电磁干扰地区使用；

（4）人机对话，操作简便、易学，现场自动出报检测结果；

（5）发射–接收一体化，装备轻便，检测效率高、成本低；

（6）节能、安全、无环境污染。

2. 研发内容

（1）GBH 管道腐蚀智能检测仪设计方案；

（2）数据采集器、信号调理器等集成硬件模块和总线平台类型分析与选择；

（3）GBH 虚拟检测仪器构成与整机性能调试；

（4）数据采集方式试验与数据采集软件模块开发；

（5）数据处理流程与数据处理软件模块开发；

（6）提高解的稳定性与反演模拟速度；

（7）发–收回线制作与响应特征测试；

（8）检测系统总成与现场实测检验；

（9）存在问题分析与具体改进措施。

3. 关键技术

（1）大动态范围所需低噪声放大、瞬时浮点放大、抗干扰设计；

（2）程控硬件滤波、干扰跟踪技术；

（3）目标信息识别与提取方法；

（4）管体腐蚀智能判别技术。

4. 技术指标

（1）主要性能与功能达到设计要求；

（2）埋地管道检测深度不小于 2m，工艺管道提离高度不小于 20cm；

（3）壁厚检测值相对于实际壁厚值的偏差 ≤ ±5%；

（4）符合率≥80%。

3.2.2 仪器组成

GBH 管道腐蚀智能检测由数据采集器、传感器、控制系统、数据分析处理软件四部分组成。

1. 数据采集器

数据采集器用于激励、采集瞬变电磁（TEM）信号，其工作原理可通过图 3-3 简述如下：

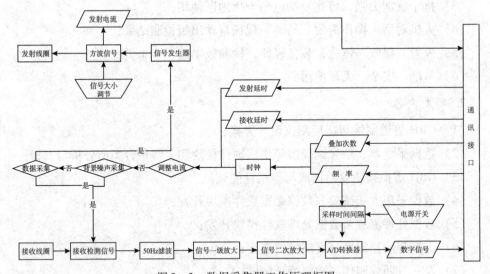

图 3-3　数据采集器工作原理框图

控制系统通过通讯接口设置信号频率、采样时间间隔、发射延时、接收延时、叠加次数等参数；信号发生器通过传感器发射线圈产生占空比和频率均可调控的正、负双向方波脉冲激励电流；在发射间歇通过接收线圈接收管道上衰减涡流产生的感应电动势并滤波放大；由 A/D 转换器将模拟信号转换为数字信号，并按规定的间隔、速率和叠加次数采集数据样品；所采集的数字信号经由通讯接口传输给控制系统。

瞬变电磁方法主要是测量发射电流关断后的二次场信号，理论上讲关断时间应为零，但由于线圈负载具有感抗，抵抗流过电流的突然变化，因此关断时间不可能为零。关断时间是很重要的数据反演参数，跟信噪比和能测量的深度有直接的关系，所以衰减器是发射部分的关键部件，实现大电流、快速关断、采样时刻精确是研发的主要方向。

二次场信号的动态范围为 $0.1\mu V \sim 1V$，时间晚期的信号量级已达到微伏级，所以接收部分的实际接收精度至少要达到这个水平。

发射部分的参数为：

（1）最大发射电压：$\leqslant 24V$；

（2）最大发射电流：$\leqslant 5A$；

（3）发射频率：$0.5 \sim 32Hz$；

（4）发射波形：1/4 正向供电、1/4 断电、1/4 反向供电、1/4 断电；

（5）晶振总频差：$\leqslant 5 \times 10^{-9}$。

接收部分的参数为：

（1）输入阻抗：$10M\Omega$；

（2）频带宽度：$0 \sim 50kHz$（线性相位滤波器），全通为 $0 \sim 400kHz$；

（3）工频压制：$\geqslant 80dB$；

（4）A/D：16 位，1MHz 采样率；

（5）最小采样间隔：$1\mu s$；

（6）分辨率：$\leqslant 1\mu V$。

2. 传感器

传感器包括发射线圈和接收线圈，用来实现瞬变电磁（TEM）信号的发射与接收。

铜的电导率为 $5.9 \times 10^8 S/m$（20℃），有较优的导电导热性，抗氧化性好，机械强度也较高，一般采用漆包铜线绕制线圈。

发射线圈设计时要考虑的因素主要有电阻、电感、等效面积以及绕制方法和易用性等。发射磁矩 $M = S \times N \times I$，S 为发射线圈的面积，N 为匝数，I 为发射电流强度。若想要保持一定的发射磁矩还要减少发射线框面积 S，有两种方式可实现；一种是增大发射电流，另一种是增加发射线圈匝数 N。为了能够获得较大的发射电流，就要设法减小线圈电阻，所以需要选择合适的漆包线线径，线径越大，同样长度导线的电阻越小。线圈的匝数增加，在发射电流相同的情况下增强了一次磁场，感生的二次场信号也会增强。但是线圈的匝数越多，线圈的电感就越大，在其他条件不变的情况下，发射电流关断时间也就变大了。而且匝数越多，信号的"饱和时间"也越长，如果饱和时间超过管体响应时间，可能会影响分析解释。发射线圈的设计原则就是让电阻、电感、匝数和等效面积等重要参数和工程参数取得很好的平衡。

接收线圈绕制的好坏将决定整个传感器的性能。由于二次磁场较弱，可以不考虑磁场的温度效应（在脉冲磁场中的导体表面，将会因集肤效应而加热到某一个温度，从而影响导体导电变化的现象）和磁阻效应（导体的导电率随磁场强度的增加而下降的现象）。一般选择 0.1~0.3mm 的漆包线绕制。

根据检测的目标以及工况条件的不同，经过多年的检测试验研究，确定了两种制式的传感器：

（1）埋地管道用传感器　为中心回线形式（发射线圈与接收线圈中心在同一位置）的正方形线圈，发射线圈边长为 1m，使用线径为 1mm 的漆包线绕制 100 匝；接收线圈边长为 0.5m，使用线径为 0.27mm 的漆包线绕制 400 匝。这一设计可满足管径≥100mm、埋深≤2m 的埋地管道检测工作。

（2）工艺管道用传感器　为中心回线形式的圆形线圈，发射线圈内径为 20mm，使用线径为 1mm 的漆包线绕制 600 匝；接收线圈内径为 10mm，使用线径为 0.15mm 的漆包线绕制 1200 匝。这一设计可满足保温层或提离高度≤20cm 的工艺管道及地面设备的检测工作，如提离高度较小，可适当调整线圈内径和匝数。

3. 控制系统

控制系统用来控制数据采集器和传感器工作，一般需要有现场数据收录、信号处理以及图示等功能，可用具有蓝牙接口的掌上电脑或笔记本电脑作为载体。

控制系统的工作原理如图 3-4 所示。

控制系统通过软件设置发射频率、管道参数、采样类型等参数，通过无线通讯接口控制数据采集器工作，并接收发来的数据。经过数据正反向处理、多次叠加观测压制干扰和随机误差，并存储设置参数和处理后的数据。

叠加观测次数的设置：通过多次叠加观测取平均值的方法压制干扰，干扰的压制效果 dB_n 与叠加观测次数 N 有如下关系：

$$dB_n = 20\lg\left(\frac{1}{\sqrt{N}}\right)$$

dB_n 单位为 dB。当叠加次数 N 为 10 次时，dB_n 为 -10dB；N 为 32 次时，dB_n 为 -15.1dB；N 为 100 次时，dB_n 为 -20dB。N 由 32 至 100，近 70 次的采集时间只能降低约 5dB 干扰，考虑检测效率，最大叠加观测次数设置为 32 次，若干扰较小，可适当降低观测次数。

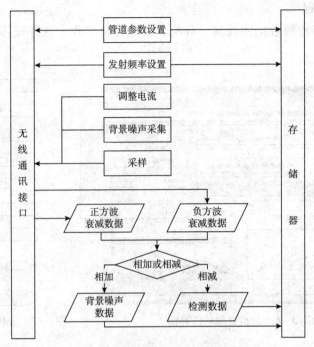

图 3 - 4　控制系统工作原理框图

控制系统界面如图 3 - 5 所示。

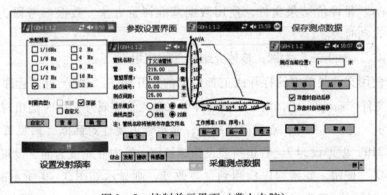

图 3 - 5　控制单元界面（掌上电脑）

4. 分析处理软件

1）软件特点

分析处理软件名称为《管壁厚度 TEM 评价系统》，包括文件操作、设置参数、切换视图、数据处理、分析评价、帮助等模块，具有 Windows 标准界面、操作简便、评价结果直观、采用文文本格式存储、易于调用编辑等特点。软件界面如图 3 - 6 所示。

2) 操作流程

软件可完成检测数据的处理、分析、对比评价工作。软件操作步骤如图 3 - 7 所示。

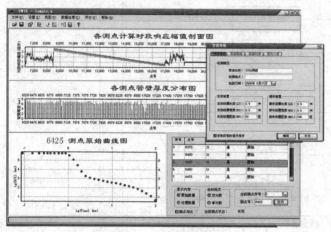

图 3 - 6　分析处理软件界面

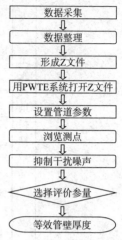

图 3 - 7　分析处理软件操作步骤

软件所在文件夹中的示例文件 "sample. z" 是一条输油管道的检测数据，管道规格为 $\phi219 \times 7mm$，中间部分地段更换过管道，管道规格为 $\phi219 \times 6mm$。"Sample. evr" 是评价结果文件，使用数据基准评价方法，数据参考段为 25000 ~ 26050m，自动时段。

下面以 "sample. z" 为例，整体介绍软件的使用。

（1）使用文件菜单中的打开或工具栏上的打开按钮 "📂" 打开程序所在目录中的示例文件 "sample. z"，由于示例文件中未加入管道属性，这时会出现设置管道属性的提示（见图 3 - 8），点击确定按钮，显示管道属性对话框（参见管道属性），管径设为 219，壁厚设为 7，管道材质设为螺纹钢，管内介质设为油，设置好管道属性按 "确定" 按钮，如果程序检测到参数改变，则显示如图 3 - 9 所示的对话框，这时可按 "确定" 按钮将管道属性参数保存到文件 "sample. z" 中。文件打开成功

图 3 - 8

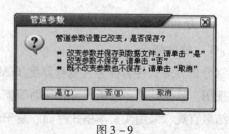

图 3 - 9

后显示全部测点数据的剖面曲线和第一个测点的数据曲线，可以浏览测点，进行处理，也可以直接到第 3 步进行管道评价操作。

（2）采用测点选择功能选择当前显示的测点，用插值或平滑滤波功能对观测质量较差的数据进行处理。也可以用测点对比功能对比多个测点。

（3）如要改变管道属性，可用管道属性功能；选择评估方法，在这里使用数据基准，以 25000～26050m 段为基准，自动时段；点击评估管壁状况按钮进行管道评价。

（4）评价完毕后使用保存功能保存评价结果。可使用保存图像功能保存评价结果图像。这时可用电子表格软件（如 Microsoft Excel）打开保存的评价结果文件，扩展名为".evr"，进一步地绘图分析、编制表格、出具报告。

（5）至此为止完成一次操作。

3）分析结果整理及出具报告

软件开发时考虑到不同的用户出具检测报告的格式不同，输出的分析结果文件为文本格式，可以使用其他编辑器编辑修改。分析软件利用常用办公软件 Word、Excel 等的 OLE 自动化技术实现了大量数据整理及出具格式报告，用户只需修改模板样式，即可按自定义格式出具报告。

①分析结果整理为 Excel 文件。

与 Excel 服务器建立连接

```
v: = CreateOleObject('Excel.Application');
```

新建一个工作簿

```
v.WorkBooks.Add;
```

选定工作表

```
SheetIn: = v.Workbooks[1].WorkSheets[i];
```

设置工作表的名字

```
SheetIn.Name: = fname;
```

在工作表 i 行 j 列写入数据

```
SheetIn.Cells[i,j].Value: = DataString;
```

设置工作簿文件名保存并关闭

```
v.WorkBooks[1].Close(True,fname);
```

断开与 Excel 服务器的连接，关闭 Excel

```
v.Quit;
```

整理好的 Excel 文件如图 3 - 10 所示。

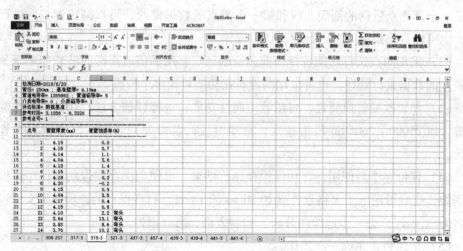

图 3 – 10　Excel 分析结果文件

②利用 Excel 文件出具报告。

与 Excel 服务器建立连接

```
v: = CreateOleObject('Excel.Application');
```

打开 Excel 文件

```
v.WorkBooks.Open( fname);
```

与 Word 服务器建立连接

```
Wapp: = CreateOleObject('Word.Application');
```

新建 Word 文档

```
Wdoc: = Wapp.documents.add;
```

选择工作表

```
SheetIn: = v.Workbooks[1].WorkSheets[1];
```

在 Word 文档中输入数据名称

```
ep: = Wdoc.Range(Wdoc.Paragraphs.Last.Range.Start,Wdoc.Range.End);
ep.Select;
Wapp.Selection.TypeText(SheetIn.Name);
wapp.Selection.TypeParagraph;
```

选择 Excel 工作表中的管道参数粘贴到 Word 中

```
SheetIn.Range[SheetIn.Cells[2,1],SheetIn.Cells[8,1]].copy;
ep: = Wdoc.Range(Wdoc.Paragraphs.Last.Range.Start,Wdoc.Range.End);
ep.Select;
Wapp.Selection.PasteAndFormat(22);
wapp.Selection.TypeParagraph;
```

选择 Excel 工作表中的分析结果粘贴到 Word 中，并绘制表格

```
SheetIn.Range[SheetIn.Cells[12,1],SheetIn.Cells[UsedRowsCount,4]].
copy;
    Pstart:=Wdoc.Paragraphs.count-(UsedRowsCount-11)+1;
    ep:=Wdoc.Range(Wdoc.Paragraphs.Item(Pstart).Range.Start,Wdoc.Range.
End);
    ep.Select;
    Wapp.Selection.ConvertToTable(1,UsedRowsCount-6,4,0);
    wapp.Selection.Tables.Item(1).style:='网格型';
```

关闭 Excel

```
V.quit;
```

设置文件名，保存 Word 文档

```
wdoc.saveas(ChangeFileExt(fname,'.docx'));
```

关闭 Word

```
Wapp.quit;
```

报告格式如图 3 - 11 所示。

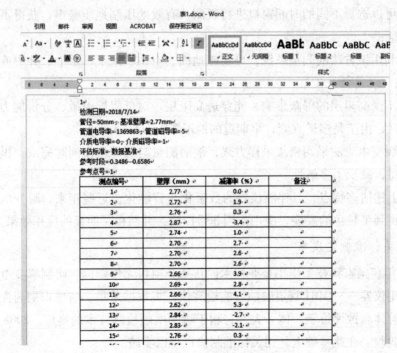

图 3 - 11 word 报告模板

3.2.3 瞬变电磁检测技术的特点与标准制修订情况

1. 瞬变电磁技术特点

根据第 2 章关于瞬变电磁检测原理的介绍，我们不难发现，瞬变电磁法与常规电法相比有以下特点：

（1）瞬变电磁法观测纯二次场，消除了频域方法的装置耦合噪声，受地形起伏影响小；

（2）可采用不接地回线装置，适宜于在各种地理环境下工作，在沙漠、冻土带、水泥路面、水域均可方便地观测，更显其独特的优越性；

（3）可以采用同点装置（如重叠回线、中心回线等）进行观测，达到与探测目标的最佳耦合，取得的异常强，形态简单，分层能力强；

（4）单脉冲激发就可以得到多信息的整条瞬变场衰减曲线，且对线圈点位、方位或接收距要求相对不严格，测地工作相对简单，工效高；

（5）可用加大发射功率的方法增强二次场，通过多次脉冲激发，进行多次叠加观测，并采用空间多次覆盖技术，提高信噪比和观测精度；

（6）可以选择不同的时间窗口进行观测，有效地压制地质噪声，获得不同探测深度的信息；

（7）利用该方法的测量系统，可实施地面、空中、地下、水上、井中或坑道电磁法探测；

（8）不受高阻层的屏蔽影响，能穿透高阻层，对低阻层灵敏、分辨能力强，在低阻围岩区，由于是多道观测，早期道的地形影响较易分辨；

（9）瞬变电磁法采用密集采样方式，剖面测量与测深工作同时完成，提供了更多有用信息，减少了多解性。

由于上述诸多特点，且伴随仪器的数字化与智能化，近些年来，瞬变电磁法在国内外都得到了较快的发展，应用范围非常广泛，并获得了明显的应用效果。

2. 相关标准制定发布

2005 年获国家科技型中小企业技术创新基金项目无偿资助，研制瞬变电磁法管道检测专用仪器——GBH 管道腐蚀智能检测仪，集数据采集、信息识别与提取、数据分析和管体腐蚀评价于一体，大大有利于瞬变电磁检测技术的推广。2008 年项目顺利通过验收。在此基础上，相关标准制修订得以实施。

中国石化胜利石油管理局于 2006 年发布了企业标准 Q/SH 1020 1740—2006《油田埋地管道腐蚀与防护状况地面检测检验技术规程》[2009 年升级为中石化企业

标准《埋地钢质管道腐蚀与防护检测技术规程》（Q/SH 0314—2009）]，将瞬变电磁方法纳入其中，并应用这项技术开展管道安全注册三年大普查工作。

根据中国石油集团公司科技部 2008～2010 年科技项目《油气管道安全运行与储存技术研究》中子课题《管道内腐蚀直接评价技术研究》开题报告的研究工作安排，2008 年 10 月～2009 年 11 月项目组在华北油田开展了"华北油田郑任线、郑三线埋地管道腐蚀直接评价技术现场试验研究"，进行了管道间接检测、直接检测的现场检测及评价试验研究。在此基础上编制了 SY/T 0087.2《钢质管道及储罐腐蚀评价标准 埋地钢质管道内腐蚀直接评价标准》初稿。2010 年 6 月开展了华北油田马任线管道腐蚀直接评价现场应用研究，编制了该技术标准的征求意见稿。2012 年 1 月 4 日，该技术标准发布，瞬变电磁检测方法作为间接检测环节的首选方法被纳入其中，该标准附录 C 详细阐述了方法技术要求及检测流程。

3.3　瞬变电磁管体检测工程项目的实施与改进

3.3.1　瞬变电磁（TEM）检测步骤

1. 检测前的准备工作

1）收集资料和现场调查

接受检测任务之后，应首先搜集待检管道的相关资料，包括管道材质、规格（管径与壁厚）以及焊缝类型、防腐（保温）结构和腐蚀控制措施、埋设年份和路由环境、运行和维修历史等。根据已有资料情况进行实地调查，划分 TEM 检测段，每个检测段应至少有一个管壁厚度已知点作为该段 TEM 检测的基准（标定）点。对于条件相同的管段应考虑使用相同的检测参数。

2）编制检测设计

方法适用性：必须首先考虑方法的适用性。对于电磁噪声干扰严重，数据采集精度不能控制在 ±5% 之内，或者待测管道与邻近管道之间距离小于其埋深之和，不符合"单管"条件的管段，不宜使用瞬变电磁（TEM）检测方法。

检测精度设计：检测设计要根据检测流程中各工序（环节）的具体测试内容、所用仪器和装备的技术性能以及数据处理方式等合理地分配、控制该工序（环节）的施测精度，总均方相对误差不应超出 ±5%。必要时，可通过实验确认符合或满足检测精度要求的数据采集方案。

检测点布设方法：合理地布设检测点不仅能获得科学的评价依据和良好的检测效果，而且能节约检测成本。

①根据历史数据、腐蚀影响因素、维修历史/记录等，分析腐蚀可能性较大位置的分布情况，确定检测间距，一般情况下应当采用在基本检测点距基础上适当加密的措施，必要时可进行全覆盖（点距不大于被检管道埋深的2倍）检测。

②对于根据管道日常管理中汇集的管道穿孔及泄漏、介质腐蚀性等数据判断可能发生腐蚀较严重的管段，可按25～50m基本点距基础上适当加密的方式布设测点。防腐（保温）层破损、缺陷点及其两侧、阴极保护失效部位、杂散干扰显著地段及怀疑发生腐蚀的管段应布置加密检测点。弯头或接头两侧、土壤介质明显变化处、环境因素明显分界处、第三方破坏频发处可适当布置加密检测点。

③也可以根据管道运行方要求进行抽检。抽检时需考虑检测位置的代表性，一般应布置在根据管壁腐蚀影响因素、维修历史/记录和其他任何管壁腐蚀/破裂历史等资料所分析的腐蚀可能性较大的管段位置上。

检测点位置测量：瞬变电磁（TEM）检测设计中还应包含定位测量的内容，具体方法可根据管道运行方对定位测量精度的要求按相关标准确定。管道中心定位是地面检测的一项重要工作，精确定位管道中心位置，将传感器放置在管道中心正上方是提高数据采集准确度的重要手段。理论计算表明：定位偏差超过管道中心埋深的11.7%，瞬变响应误差将大于4%。

2. 现场检测作业

1）操作数据采集器

无论使用 GBH-1 还是使用其他脉冲瞬变电磁仪采集数据，都要按照相应说明书中规定的步骤操作仪器和附属设备。

2）实地布设检测点

根据实地情况布设测点，必要时可适当调整，要避免布置在靠近强干扰源、强磁场、有金属干扰物的地方。观测前，应首先校对测点号是否正确，随即作好现场记录，对干扰、周围地物以及必要的点位移动情况要详细记录。

3）安放发射 - 接收回线

在已确定的观测点上安放发射 - 接收回线使其平面接近水平，回线中心偏离管道轴线在地面投影的距离不应超过管道中心埋深的10%。对于矩形回线，要使回线的一组边与管道走向大致平行。

4）采集 TEM 数据

正确地连接发射机、接收机、发射 - 接收回线和电源；启动系统采集数据并监视数据精度达到要求后停止采集；回放数据，观察数据曲线合格后移至下一个测点，否则重新采集。

5）抑制干扰，提高观测质量

可通过提高信噪比（包括增加激励电流、收－发磁矩及增大迭加次数等手段）的办法抑制电磁干扰。每个测点至少应重复观测 2 次，2 次观测数据的相对误差不应超过 3%，若不符合可进行多次观测，取其偏差最小的 2～3 组数据的平均值作为该测点的 TEM 数据。

6）故障应对措施

检测中如遇故障，要及时查明原因，并回到已测过的测点上做对比检测，确认正常后方可继续工作。

3. 检测数据处理

1）数据整理

每日收工后及时将现场所采集的瞬变电磁（TEM）数据传送到计算机中整理并保存以便做进一步处理。具体数据包括：

①被检管道的编号及属性（埋深、材质、管径、壁厚、输送介质）等；

②检测时间、检测点号、回线参数、发射频率、发射电流、响应曲线等；

③检测点 GPS 记录与/或大地坐标，基准（标定）点实测管壁厚度记录等；

④管道沿线地物、干扰源注记，照片、桩点图等。

2）计算管道金属损失率和管壁厚度

采用《管壁厚度 TEM 评价系统 PWTE 2.0》专用软件或其他适当的方法计算管体金属横截面积平均损失率和平均剩余管壁厚度。

数据解算涉及两个主要参量：标定点基准壁厚值和反映壁厚变化的时窗。标定点基准壁厚值可选择管道基本无腐蚀、容易开挖的测点使用高精度超声测厚仪实测。对于标准钢材，可以通过电磁参数较为容易地计算适合的响应时窗；对于非标准钢材，可通过正演模型与实测响应曲线对比，获得适合的响应时窗，也可用这一方法验证选择的管材参数是否正确。

4. 检测质量监控

瞬变电磁（TEM）检测工作需要进行重复性检测，以保证检测工程质量。重复性检测点应均匀分布，对异常点、可疑点等重点进行重复性检测，重复性检测点数不应低于总检测点数的 3%。

检测误差不应超出 ±5%。超出 ±5% 时，再增加总检测点数的 10% 进行重复性检测，如仍超出 ±5%，则检测结果仅可作参考用。检测误差按公式（3－3）计算。

$$\varepsilon = \pm \sqrt{\frac{1}{2N}\sum_{i=1}^{N}\left(\frac{I_i - I'_i}{I_i + I'_i}\right)^2} \times 100\% \qquad (3-3)$$

式中　N——参加统计的重复性检测点数；

　　　I_i——第 i 个测点管体金属横截面积平均损失率原始检测值；

　　　I'_i——第 i 个测点管体金属横截面积平均损失率重复检测值。

为了评价 TEM 检测质量，可利用超声测厚仪在任何一个检测点进行开挖验证，测量管道剩余壁厚，剩余壁厚测量点应均匀分布在 2 倍埋深管长范围内，且应不少于 30 个。TEM 检测的管道剩余平均壁厚值与超声测厚结果平均值的偏差不超出 ±5%。开挖验证符合率应不低于 80%。

5. 瞬变电磁（TEM）检测结果记录表与检测流程图

1）检测结果记录表

检测结果记录表的格式可参考表 3-1 制作。

表 3-1　瞬变电磁（TEM）检测结果记录表

管道管理部门：　　　　　　　　　　　　　　　　　　　检测日期：　　年　月　日

序号	对应管道及文件名称	检测位置			管体金属平均损失率/%	平均剩余管壁厚度/mm	备注
		点号	纬度（B）	经度（L）			

检测站场/管道：＿＿＿＿＿＿

检测人：＿＿＿＿＿＿　　审核人：＿＿＿＿＿＿

2）检测流程图

瞬变电磁（TEM）检测流程如图 3-12 所示。

3.3.2　全覆盖连续检测技术

在埋地管道腐蚀直接评价（ECDA，ICDA）过程中，管道壁厚瞬变电磁（TEM）检测技术作为一种较成熟的间接检测手段，用于查明管道内、外腐蚀严重部位。之前一直采用"点测"，即沿管道按一定间距布置测点进行基础检测，在所发现的管壁厚度异常点处加密检测，从而确定腐蚀严重部位的数据采集方式。尽管可以得到准确的平均管壁厚度，但对于管壁减薄部位的发现率依然受到基础检测点距的限制，有可能漏检基础检测点之间的腐蚀严重管段。"点测"也不能确定裂纹等范围较小的应力集中部位以及其他金属损失率很小的腐蚀缺陷。改进的办法就是尽可能地缩小检测点距以至完全覆盖被检测管段。要想做到全覆盖检测，关键是采用"连续式" TEM 数据采集与处理手段。

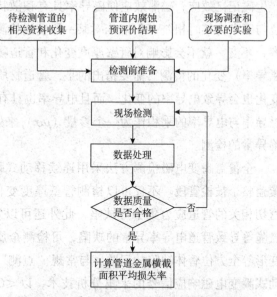

图 3 – 12　瞬变电磁（TEM）检测步骤示意图

1. 管体缺陷物理特性与 TEM 信号特征

在瞬变电磁（TEM）检测方法里，研究的对象是管壁厚度变化和管道物理特性变化。物理特性变化包括"磁记忆现象"导致的磁导率 μ 的变化和由晶间腐蚀或穿晶腐蚀、氢腐蚀（氢鼓泡、氢脆等）以及热胀冷缩等原因所导致的电导率 σ 的变化。这些变化影响综合参数 α 的大小，从而引起管道瞬变电磁场的变化。

$$\alpha = \frac{1}{\mu\sigma b^2}$$

$$\frac{\Delta\alpha}{\alpha} = -\left(\frac{\Delta\mu\sigma}{\mu\sigma} + \frac{2d}{a+d}\cdot\frac{\Delta d}{d}\right) \qquad (3-4)$$

$$\frac{\Delta\alpha}{\alpha} = -\left(\frac{\Delta\mu\sigma}{\mu\sigma} - \frac{2d}{b-d}\cdot\frac{\Delta d}{d}\right)$$

式中　a——管道内半径（计算外壁减损时采用），m；

　　　b——管道外半径（计算内壁减损时采用），m；

　　　d——管壁厚度，m；

　　　μ——管材的磁导率，H/m；

　　　σ——管材的电导率，S/m；

　　　α——综合参数。

与磁记忆方法（被动场源）检测不同的是，瞬变电磁（TEM）检测是一种主动源场检测方法，可以通过增大激励场源的途径或者采用干扰跟踪与消除技术以获得足够的信噪比，保证数据采集质量，提高检测效果。

在 TEM 检测过程中，向管道施加的激励磁场是一个周期性变化的交变脉冲磁场，众所周知，这是一列主频与脉冲变化周期相同的宽频信号，这样的外加磁场不产生磁记忆效应，磁滞效应使磁导率具有频散特性，频率趋于无穷大时磁导率的相位与频率为零时相差180°。当对某一段管道检测时，只要保持激励信号的周期（频率）不变，就不会影响对管壁厚度变化和管道物理特性（包括"磁记忆效应"所致磁导率）变化的检测。需要指出的是，管道材质晶间结构或充填物（如氢分子）的变化也会导致电导率的变化，而且电导率也具有频散特性。在 TEM 检测方法里，把磁导率与电导率的乘积作为一个参量（$\mu\sigma$）来处理比较方便，不影响管壁厚度和缺陷异常的检测。

全覆盖瞬变电磁检测方法采用连续移动式瞬变电磁响应信号的采集分析技术，覆盖整个被检管段。不仅可以检测管壁厚度变化，而且能够发现与"磁记忆现象"密切相关的管道应力集中等缺陷，此外还可以发现晶间腐蚀或穿晶腐蚀、氢鼓泡、氢脆等导致管道电导率异常的缺陷，可检测金属腐蚀以及制管、机械、焊接、应力变形等全方位管体缺陷的问题。与常规"点测"的数据采集方法相比：采用连续移动式瞬变电磁响应信号的采集分析技术，以≤0.2m 的检测点间距实现了全覆盖检测，大大降低了缺陷漏检率，检测效果更为突出。以下通过表3－2 中的实测及开挖验证结果（包含 5 个缺陷管段）予以说明。

表3－2　实测及开挖验证管段情况一览表

序号	测点编号	规格/mm	埋深/m	缺陷属性
1	MaRX 2950	$\phi159\times6$	2.57	
2	MaRX 2954.6	$\phi159\times6$	2.10	标桩焊接疤痕
3	MaRX 3191.7	$\phi159\times6$	0.93	人为焊接卡子
4	MaRX 11487	$\phi114\times5.5$	1.48	
5	MaRX 11490	$\phi114\times5.5$	1.48	
6	MaRX 11492	$\phi114\times5.5$	1.50	人为焊接卡子
7	MaRX 11492－2	$\phi114\times5.5$	1.50	
8	MaRX 11494	$\phi114\times5.5$	1.50	
9	MaRX 11497	$\phi114\times5.5$	1.50	
10	MaoRX 7193	$\phi219\times7$	1.10	
11	MaoRX 7193.7	$\phi219\times7$	1.10	
12	MaoRX 7194.7	$\phi219\times7$	1.10	堵漏阀门
13	MaoRX 7194.7－2	$\phi219\times7$	1.10	

续表

序号	测点编号	规格/mm	埋深/m	缺陷属性
14	MaoRX 7195	φ219×7	1.10	
15	MaoRX 7195.7	φ219×7	1.10	
16	MaoRX 7197	φ219×7	1.10	
17	MaoSX 1496	φ114×5	0.82	人为焊接卡子
18	DYX 17800	φ219×6	0.64	
19	DYX 17825	φ219×6	0.70	
20	DYX 17836	φ219×6	0.57	
21	DYX 17850	φ219×6	0.44	

图 3 – 13 中的曲线是由表 3 – 2 中各个开挖点采样延时相同的 TEM 实测数据构成,图中曲线由上到下采样延时依次为 5.0376ms、6.3326ms、7.9696ms、 10.0286ms、 12.6116ms、15.8686ms、19.9776ms、25.1446ms、31.6446ms、39.8306ms、50.1376ms。从图中可以看到,管道规格不同,TEM 响应幅值背景差异明显,具有

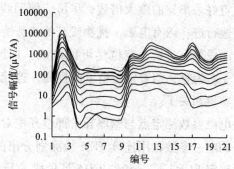

图 3 – 13 实测数据构成的 TEM 响应剖面图

管体缺陷的 TEM 响应幅值和时变特征与对应管段背景比较则显示异常。

通过上述对比,得到以下结论:

(1) TEM 检测技术除了能发现管壁厚度变化以外,只要检测点距足够密,即采用全覆盖 TEM 检测技术,就可以发现尺度和范围较小的其他各种原因导致的管体缺陷。

(2) 沿管道分析其 TEM 早期响应特征,可以发现管道埋深变化和管径变化;

(3) 电磁参数对管壁厚度的计算影响甚大,因此在有代表性的管段上选一个壁厚已知的(参数)点,通过实测对比的办法确定管道的电磁参数是必要的,其作用相当于在标准厚度模块上校准超声测厚仪的波速;

(4) 由电磁参数变化引起的 TEM 响应在早期延时段有明显的数量变化,可以用其异常确定管体缺陷部位。

2. 连续式 TEM 数据采集面临的问题与技术措施

除了电磁干扰以外，随机干扰是连续式 TEM 数据采集需要解决的一个重要问题，这是因为连续采集数据的方式不允许通过多次叠加手段来抑制随机干扰。不仅如此，在行进过程中无论如何仔细操作，也不可能完全保证回线与被检管道之间有稳定的距离和方位关系。此外，行进速度与采样速率的"适配程度"以及行进速度快慢变化也是误差产生的因素。实践证明，采用 TEM 时窗值沿管道方向作适当的（如自相关）滑动滤波的方法对随机干扰有较好的抑制作用。

脉冲频率和行进速度要适当：脉冲频率主要取决于管道规格（管径及壁厚），通常情况下采用 4Hz，当行进速度为 1m/s 时即可保证连续采样点距达到 0.33 ~ 0.25m。

需要保证足够的信噪比：首先应保证发 - 收回线有足够大的磁矩，通过试验事先设置好采集器的放大倍数；尽可能使回线离地面高度一致，避免摇摆、晃动，平稳匀速行进；遇有电磁干扰物或其他特殊情况时作好记录。

测段不宜过长，定位尽可能准确：连续采集分段进行，采集段不宜过长，以 50m 左右为宜，随着定位精度的提高，连续采集段长度限制就会只与数据采集器的记录容量相关了。

电磁参数测定点与壁厚异常部位开挖对比点：TEM 管壁厚度检测需要测定被检管道的电磁参数，用连续 TEM 检测划分出的管壁厚度异常管段需要通过开挖对比，以便确定 ECDA 或（和）ICDA 评价段的异常划分标准。实际工作中，电磁参数测定工作与壁厚异常部位开挖对比工作可以使用同一个探坑，经济合理。

3. 检测流程

（1）工作前的准备：使用管道定位方法，确定管道地表中心位置和中心埋深，确定 2 倍中心埋深范围内无其他金属管道以及三通、拐点等特征点；根据现场情况确定检测段长度和传感器大小。

（2）传感器水平放置在管道中心正上方，发射 - 接收回线（组件）以 0.5m/s 的速度沿管道方向平稳移动，在移动开始时启动发射机发出频率为 4Hz 或 8Hz，占空比为 1:1 的双极性激励方波，在发射机断电期间控制接收机记录管体的瞬变响应，此过程一直持续到一段管道检测结束。

（3）数据采集、保存。

（4）通过专用程序正则化所记录的瞬变电磁响应数据，包括：依据先验模型识别并剔除非规则性响应数据；沿管道方向滤波，减小随机干扰的影响。

（5）通过专用程序分析已正则化的瞬变电磁响应数据，包括：反演管壁厚度；

计算属性异常指数并进行异常分类；计算缺陷异常指数并进行异常分类；设置风险阈值，筛查高风险管段；设置焊痕阈值，筛查疑似焊接痕迹（如盗油、气卡子等）。

（6）划分、标定管道缺陷异常类别，筛查、定位高风险管段。

（7）通过滤波窗口筛查、定位管道属性（埋深、规格、材质）变化点；定位疑似焊接点（补强、盗卡等）的位置。

4. 检测灵敏度和重现性

连续采集的目的在于检测覆盖整个被检管道，发现管体异常。通过分析连续检测数据的重现性有助于采取有效措施提高判定管体异常的准确性。

图 3 - 14 是 MRX 输油管道（标称规格 $\phi 219 \times 7mm$，已证实内腐蚀严重）的一段连续采集检测结果。脉冲频率为 4Hz，采样速率为 3~4 次/m。可以看出，两次采集重现性较好，尽管存在随机干扰（例如 5900~5920m 段），甚至还有两次行进速度不同造成的点位偏差，但不影响发现管壁厚度异常。

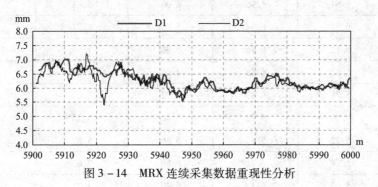

图 3 - 14 MRX 连续采集数据重现性分析

将连续采样检测结果与"点测"结果对比（见图 3 - 15）后可见，两者变化趋势一致，数值接近。此外，5987~5993m 段可能还有"点测"未能发现（没布置检测点）的管壁厚度减薄异常。检测平均壁厚值对比情况列于表 3 - 3 中。

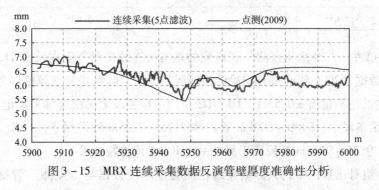

图 3 - 15 MRX 连续采集数据反演管壁厚度准确性分析

表 3 – 3　TEM 点测与连续采样检测反演管壁厚度对比表

点号/m	2009 年点测/mm	连续检测 D1/mm	连续检测 D2/mm	D1 与点测偏差/%	D2 与点测偏差/%
5925	6.48	6.62	6.67	1.08	1.45
5948	5.48	5.93	6.24	3.95	6.49
5949	5.61	5.95	6.15	2.93	4.58
5951	6.10	5.95	6.05	1.26	0.43
5952	6.22	6.01	5.75	1.74	3.95
5958	6.28	5.93	5.84	2.88	3.65
5960	6.21	5.91	5.94	2.47	2.21
5962	6.09	5.90	6.18	1.55	0.77
5964	6.01	5.89	5.92	0.97	0.71
5975	6.57	6.40	5.90	1.27	5.33
5989.3	6.64	5.96	6.06	5.43	4.60
6000	6.57	6.34	5.99	1.77	4.60
7180.5	6.12	6.36	5.96	1.96	1.28
7193	5.52	6.48	4.86	8.03	6.33
7193.7	5.78	6.80	5.72	8.09	0.54
7194.7	4.96	5.98	6.32	9.36	12.10
7195	5.22	5.87	6.56	5.82	11.34
7195.7	5.78	5.71	6.80	0.63	8.09
7197	5.62	6.13	6.40	4.31	6.46
7200	5.96	4.64	6.30	12.42	2.81
9181	5.78	4.85	5.10	5.02	6.79
9200	5.77	6.47	6.03	8.74	6.24
9216	5.65	4.89	4.92	5.68	2.21

表 3 – 3 中，"2009 年点测"栏所列的是本次连续检测范围内所有 TEM "点测"管壁厚度数据（2009 年经过开挖检验，证明与管道实际平均管壁厚度误差不超出 ±5%、点位误差不超出 ±0.5m）。D1、D2 是同一检测段上两次连续采集记录的编号。三个连续采集段中，5900 ~ 6000m 管段和 7175 ~ 7225m 管段属于同一个 ICDA 评价段（Ⅰ），9175 ~ 9225m 管段属于另外一个 ICDA 评价段（Ⅱ）。

在 23 组对比数据中，大多数连续检测管壁厚度数据与"点测"管壁厚度数据是吻合的。详细情况列于表 3 – 4 中。

表3-4 连续采样与点测TEM检测反演管壁厚度对比情况表

采集编号	样本	最大误差	最小误差	平均误差[δ]	5%＜δ	5%≤δ＜10%	δ≥10%
D1	23	12.42%	0.63%	7.26%	14个，60.87%	8个，34.78%	1个，4.35%
D2	23	12.10%	0.43%	6.88%	14个，60.87%	7个，30.43%	2个，8.70%

在JHX输气管道上也做了同样的对比工作。该输气管道规格为φ711×8mm，但原始管壁厚度在不同地段有所变化。

JHX连续采集的脉冲频率也使用4Hz，采样速率为3~5次/m。从图3-16不难看出，采样过程中行进速度不一致对点位的影响可能会较大（例如24167~24175m和24193~24200m往返之间），但对于发现明显的管壁厚度变化（异常）不会有太大的影响。

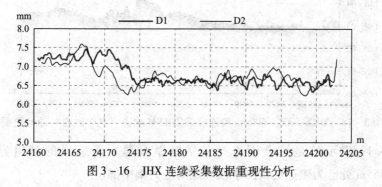

图3-16 JHX连续采集数据重现性分析

图3-17是JHX连续采集数据计算管壁厚度与"点测"（间距2m，4次叠加）计算管壁厚度的对比，两者之间存在0.37mm的系统差（可能是检测条件不同所致），去除系统差后两者变化趋势相同、数值接近。

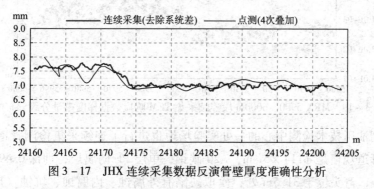

图3-17 JHX连续采集数据反演管壁厚度准确性分析

以上情况表明连续采集技术可以用于全覆盖TEM管壁厚度检测。

工作过程中还作了检测高度对比，正如预期的一样，由于所使用传感器的收发磁矩不够大，抬高传感器检测时信噪比较小，结果是可想而知的。

5. 管体缺陷检测

全覆盖、密间距采集的瞬变电磁数据包含了被检管道的管体缺陷信息，如能正确地提取某些缺陷信息，就可实现管体缺陷的检测。

从 TEM 数据中提取管道缺陷信息的前提是数据可信度要高（如图 3－18 所示，所选时窗的最低响应值均大于 $100\mu V/A$，即便如此，仍然很难辨识缺陷异常信息），还需要滤除随机干扰及校正采样高度。图 3－19 给出的是经过自相关滤波和高度校正后的梯度模量分级散点图，异常量级和分布范围一目了然。

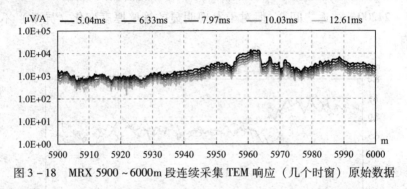

图 3－18　MRX 5900～6000m 段连续采集 TEM 响应（几个时窗）原始数据

图 3－19 表示的是综合因素（包括壁厚减薄）所造成的管道异常位置。（5955～5965m 处已为磁记忆检测手段确定为应力集中部位）

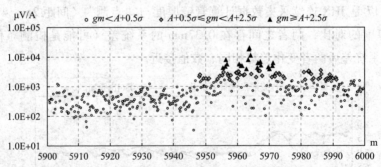

图 3－19　MRX 5900～6000m 段连续采集 TEM 响应数据梯度模量分级分布图

在胜利油田技术检测中心的一处实验场地也进行了连续采集检测管道缺陷的实验，实验管道规格是 $\phi 114 \times 5mm$，A20 碳钢，单层 PE 防腐层，埋深 $0.49 \sim 1.11m$，总长 39.4m，弯头位于 31.5m 处；模拟缺陷有外腐蚀、内腐蚀、坑蚀（麻点）、划痕以及人为破坏（盗油卡子）等。

直接选用 5.04ms、6.33ms、7.97ms 三个时窗的 TEM 响应数据（均大于 30μV/A，可信度高），经过检测高度（1.5m）校正后得到图 3－20。

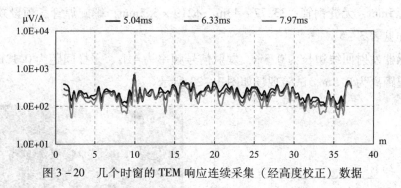

图 3－20　几个时窗的 TEM 响应连续采集（经高度校正）数据

几乎不可能从图 3－20 中辨识出缺陷异常，为此，采用梯度模量作为指示异常的参量，计算式见式（3－5），结果示于图 3－21 中。

$$gm_i = \sqrt{\sum_{j=1}^{n}\left(\frac{T_{i+1}^j - T_i^j}{x_{i+1} - x_i}\right)^2} \qquad (3-5)$$

式中　gm_i——连续采集段内第 i 点 TEM 响应梯度模量；

　　　　T_i^j——连续采集段内第 i 点第 j 时窗 TEM 响应值；

　　　　n——时窗个数；

　　　　x——计算点位置。

也可以使用模量梯度绝对值，或其他突出异常的办法。

与实验管道上的缺陷对照，同时也考虑到连续采集过程中难以避免的点位误差，可以看出图 3－21 中的异常位置与管道预先设计的缺陷位置还是比较吻合的，特别是 2m、6m、10m 处与模拟盗油卡子的对应情况显得更为突出。

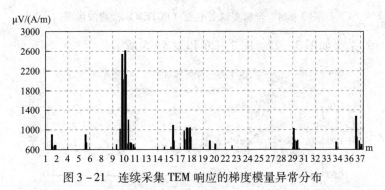

图 3－21　连续采集 TEM 响应的梯度模量异常分布

在中国特种设备检测研究院试验管道上也得到了良好的检测效果。该试验管道由支架承托，管道路由如图3-22所示。

试验管道有三种规格：0~9.65m，$\phi159\times7.5$mm，无缝钢管；9.65~33.77m，$\phi219\times7.5$mm，无缝钢管；33.77~43m，$\phi219\times5.5$mm，螺旋焊管。预设缺陷属性及位置详见表3-5。

传感器发射回线边长为0.5m，发射信号频率为4Hz，采样间距为0.12m，传感器至管道距离为0.5m，试验现场如图3-23所示。

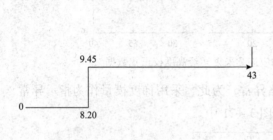

图3-22　试验管道路由示意图　　　图3-23　全覆盖瞬变电磁（FCTEM）检测现场

检测波形如图3-24所示。

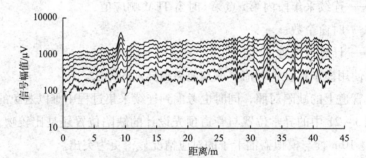

图3-24　全覆盖瞬变电磁（FCTEM）检测波形图

分析计算结果如图3-25、图3-26和表3-5所示。

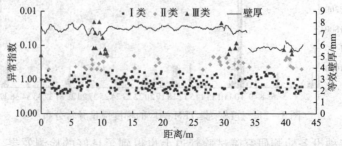

图3-25　全覆盖瞬变电磁（FCTEM）检测属性异常图

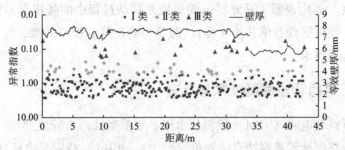

图3-26　全覆盖瞬变电磁（FCTEM）检测缺陷异常图

考虑信号覆盖范围和记录距离误差等因素，将检测异常（Ⅱ、Ⅲ）与实际缺陷位置偏差小于传感器发射线圈边长的判为相符。检测效果汇总于表3-5。

表3-5　全覆盖瞬变电磁（FCTEM）检测效果汇总表

项目	预制目标物个数	相符异常个数	备注
规格变化	2	2	检测段按管道规格可分为3段：0~9.65m，$\phi159 \times 7.5mm$，无缝钢管；9.65~33.77m，$\phi219 \times 7.5mm$，无缝钢管；33.77~43m，$\phi219 \times 5.5mm$，螺旋焊管
三通	4	3	
支架	6	5	15.74m处是支架+焊缝
焊缝	12	11	15.74m处是支架+焊缝
焊瘤	5	5	21.94m处是焊瘤+沟槽，27.90m处是两个焊瘤
蚀坑	14	12	19.46m处是3个蚀坑组合，其余为单个蚀坑
沟槽	14	14	包括半环沟槽和1/4环沟槽各一个
划痕	1	1	
胶带	8	7	胶带包裹下的缺陷属性不明
变径点	1	1	
拐点	3	3	
其他	0	9	9处检测异常（已将近距异常合并），管体外未见明显缺陷，管道内壁情况不明

在70个预制目标物中，有64个被检测出，检出率为91.4%。

6. 结论

全覆盖TEM检测技术检测效率较高，与"点测"方式相比，除了能够检测管道平均壁厚，还能对管体缺陷异常进行检测与评价。不仅能对各种用途的埋地管道进行非开挖检测，而且可以对钢铁、石化、热电等厂区内各种地面工艺管道进行非破坏性的检测。实验表明，只要尽可能地控制移动过程中的随机误差因素（定位、步距、速度、线框摆动与偏移幅度等），即可得到良好的检测效果，应当继续研究、积累、改进这项技术。

3.3.3 平行管道检测技术与方法

管道壁厚瞬变电磁（TEM）检测技术用于查明腐蚀严重管段部位。作为一种间接检测手段，在埋地管道腐蚀直接评价（ECDA，ICDA）特别是内腐蚀评价过程中得到了认可与应用，获得了明显的应用效果。已有的文献资料曾表述：该技术适用于单根管道条件，对于间距不超过2倍埋深的平行管道似乎无能为力。通过长期实验和分析，认为在某些情况下，例如当回线边长 L 较小时（如 $L=1m$），尽管平行管道之间的距离小于2倍埋深，仍然可以通过"偏置回线"的办法对目标管道进行 TEM 壁厚检测。

1. 重叠回线装置几何函数特征

管道 TEM 响应包含几何函数 $J(x,h,L)$ 与时变函数 $S(b,d,\mu,\sigma,t)$ 两个部分。几何函数与检测点相对被检管道轴线位置、检测装置形式和大小有关；时变函数则与管径（$2b$）、壁厚（d）、管材和管内外介质的电、磁参数（σ、μ）以及时间（t）有关。根据瞬变电磁场的"烟圈"理论，可以建立以下比例相似模拟关系：

$$\frac{U(x,t)}{A} = k \cdot J(x,h,L) \cdot S(b,d,\mu,\sigma,t) \qquad (3-6)$$

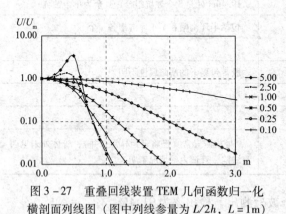

图 3-27 重叠回线装置 TEM 几何函数归一化横剖面列线图（图中列线参量为 $L/2h$，$L=1m$）

对于重叠回线装置而言，在被检管道中心横剖面上其几何函数的特征可以通过图 3-27 来分析。

从图 3-27 可见，当回线中心至管道轴线的距离（通常称作埋深）不足 1/2 回线边长时（$\frac{L}{2h}>1$），回线与管道耦合过强且稳定性差，因此在检测出露管道（例如参数点）时，应当保持回线中心至管道轴线的距离不小于 1/2 回线边长。

当埋深超过回线边长后（$\frac{L}{2h}\leqslant 0.5$），在偏离中心的观测点（$x\geqslant 1.2h$）上的几何函数响应值已不到响应极大值的 10%（见表 3-6）。这一点对于突破"单管条件"的限制来说具有特殊意义。也就是说，如果有两个埋深相同的平行管道，其中干扰管道在被检管道（目标管道）的左侧且两者间距不小于其埋深，那么在目标管道正上方到其右侧的某个范围内（相对干扰管而言 $x \geqslant 1.2h$；相对目标管而言 $x \geqslant 0.2h$）检测的话，干扰管的影响已大为减小，检测所得平均壁厚应与目标管的壁厚接近或一致；反之亦然。如果两管的间距小于其埋深，问题就会复杂得多。

值得注意的是，管壁厚度 TEM 检测需要有较高的信噪比，如果干扰管的 TEM 响应远远强于目标管的 TEM 响应的话，那就要另当别论。

表 3-6 重叠回线装置 TEM 几何函数响应归一化数据表

x/m	$L/2h$（回线半边长与埋深之比）					
	5.00	2.50	1.00	0.50	0.25	0.10
0.0	1.0000	1.0000	1.0000	1.0000	1.0000	1.0000
0.1	1.0447	1.0256	0.9841	0.9814	0.9923	0.9985
0.2	1.2076	1.1059	0.9333	0.9276	0.9696	0.9942
0.3	1.6177	1.2395	0.8405	0.8441	0.9332	0.9870
0.4	2.6589	1.3416	0.7040	0.7396	0.8849	0.9771
0.5	3.4452	1.1145	0.5384	0.6246	0.8272	0.9645
0.6	1.1107	0.5865	0.3742	0.5093	0.7628	0.9494
0.7	0.2887	0.2414	0.2398	0.4023	0.6944	0.9319
0.8	0.0956	0.0990	0.1457	0.3094	0.6246	0.9122
0.9	0.0381	0.0438	0.0863	0.2327	0.5556	0.8906
1.0	0.0174	0.0211	0.0510	0.1723	0.4893	0.8672
1.1	0.0087	0.0109	0.0305	0.1262	0.4270	0.8422
1.2	0.0047	0.0060	0.0187	0.0919	0.3696	0.8158
1.3	0.0027	0.0035	0.0117	0.0668	0.3178	0.7884
1.4	0.0017	0.0021	0.0075	0.0486	0.2717	0.7600
1.5	0.0010	0.0014	0.0049	0.0355	0.2311	0.7310
1.6	0.0007	0.0009	0.0033	0.0261	0.1958	0.7016
1.7	0.0005	0.0006	0.0023	0.0193	0.1654	0.6718
1.8	0.0003	0.0004	0.0016	0.0144	0.1394	0.6420
1.9	0.0002	0.0003	0.0012	0.0108	0.1173	0.6123
2.0	0.0002		0.0008	0.0082	0.0986	0.5829

2. 相互平行管道的 TEM 响应模拟与实测多延时剖面对比

到目前为止，尚未发现有关平行管道 TEM 响应理论解的报道，根据比例相似模拟试验，下面的分析采用最简单的响应叠加形式：

$$\frac{U(x,t)}{A} = \sum_1^2 k \cdot J(x,h_i,L) \cdot S(b_i,d_i,\mu_i,\sigma_i,t) + \qquad (3-7)$$

$$\prod_1^2 k \cdot \left[J(x,h_i,L) \cdot S(b_i,d_i,\mu_i,\sigma_i,t) \right]^{1/2}$$

根据（3-7）式，对 DQ 供热管道 700 号、550 号点处实测的 TEM 横剖面和 MaRX 15650 点、15700 点、15725 点处实测的 TEM 横剖面作了比例相似模拟（回线边长 $L=1$m，发射磁矩为 130A/m^2，接收磁矩为 100A/m^2），结果如图 3-28 ~ 图 3-32 所示。

图 3-28 中，模拟与实测的 TEM 响应时段均为 $6.436 \sim 50.434$ms，两者较为接近。显然，实测结果中存在背景噪声，它包含了土壤介质影响、电磁干扰和观测过程中的随机误差。

图 3-29（550 点剖面）与图 3-28（700 点剖面）有相似的情况，实测结果与相似比例模拟参数列于表 3-7。

DQ 供热管的规格是准确的，位置是根据现场情况、设计数据以及实测曲线确定的，模拟时基本采用了这些资料，部分作了小幅修改。

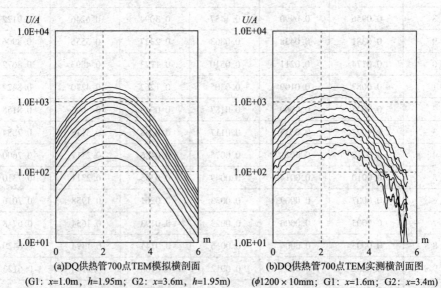

(a)DQ供热管700点TEM模拟横剖面

(G1: $x=1.0$m, $h=1.95$m; G2: $x=3.6$m, $h=1.95$m)

(b)DQ供热管700点TEM实测横剖面图

($\phi1200 \times 10$mm; G1: $x=1.6$m; G2: $x=3.4$m)

图 3-28　平行管道上方 TEM 响应横剖面模拟计算与 DQ 供热管 700 点实测横剖面对比图

（TEM 响应模拟时段：$6.436 \sim 50.434$ms）

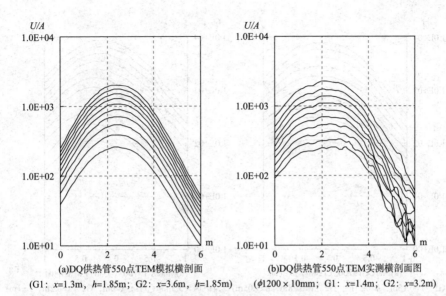

(a)DQ供热管550点TEM模拟横剖面 (b)DQ供热管550点TEM实测横剖面图

(G1: *x*=1.3m, *h*=1.85m; G2: *x*=3.6m, *h*=1.85m) (ϕ1200×10mm; G1: *x*=1.4m; G2: *x*=3.2m)

图3−29 平行管道上方 TEM 响应横剖面模拟计算与 DQ 供热管 550 点实测横剖面对比图

（TEM 响应模拟时段：6.436~50.434ms）

  MaRX 是含水输油管道，与 DQ 供热管最大的区别是其管径很小、邻近并行多根管道且准确位置不详。三条剖面虽然使用 PCM 测得目标管的埋深，但由于平行管之间的感应干扰，又未做验证，可信度不高。因此，模拟过程中所采用的参数变化较大。其对比情况一同列于表3−7中。

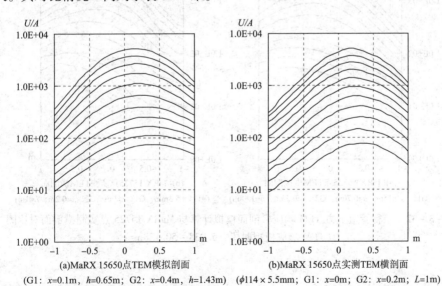

(a)MaRX 15650点TEM模拟剖面 (b)MaRX 15650点实测TEM横剖面

(G1: *x*=0.1m, *h*=0.65m; G2: *x*=0.4m, *h*=1.43m) (ϕ114×5.5mm; G1: *x*=0m; G2: *x*=0.2m; *L*=1m)

图3−30 平行管道上方 TEM 响应横剖面模拟计算与 MaRX 15650 点实测横剖面对比图

（TEM 响应模拟时段：5.038~50.138ms）

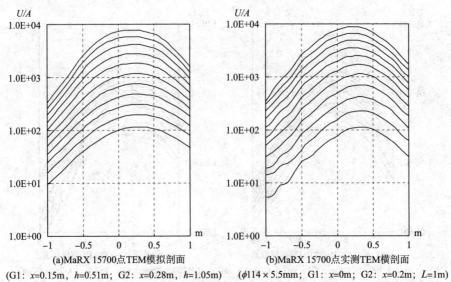

(a)MaRX 15700点TEM模拟剖面　　　　　(b)MaRX 15700点实测TEM横剖面

(G1: x=0.15m, h=0.51m; G2: x=0.28m, h=1.05m)　　(ϕ114×5.5mm; G1: x=0m; G2: x=0.2m; L=1m)

图 3-31　平行管道上方 TEM 响应横剖面模拟计算与 MaRX 15700 点实测横剖面对比图

（TEM 响应模拟时段：5.038~50.138ms）

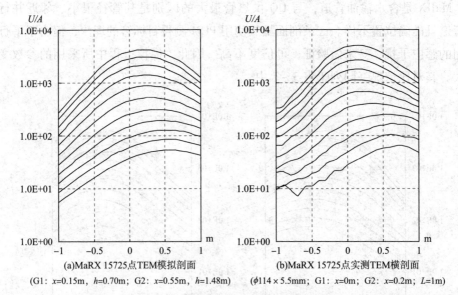

(a)MaRX 15725点TEM模拟剖面　　　　　(b)MaRX 15725点实测TEM横剖面

(G1: x=0.15m, h=0.70m; G2: x=0.55m, h=1.48m)　　(ϕ114×5.5mm; G1: x=0m; G2: x=0.2m; L=1m)

图 3-32　平行管道上方 TEM 响应横剖面模拟计算与 MaRX 15725 点实测横剖面对比图

（TEM 响应模拟时段：5.038~50.138ms）

表 3 – 7 重叠回线装置 TEM 模拟所用参数与实际情况对比表

对比内容	左侧（A）管			右侧（B）管			剖面位置
	规格/mm	位置 x, h/m	等效综合参数	规格/mm	位置 x, h/m	等效综合参数	
实测	$\phi1200 \times 10$	1.60, 2.00	2.045	$\phi1200 \times 10$	3.40, 2.00	2.045	DQ 供热管 700 点
模拟	$\phi1200 \times 10$	1.00, 1.95	8.515	$\phi1200 \times 10$	3.60, 1.95	8.515	
实测	$\phi1200 \times 10$	1.40, 2.00	2.045	$\phi1200 \times 10$	3.20, 2.00	2.045	DQ 供热管 550 点
模拟	$\phi1200 \times 10$	1.30, 1.85	7.225	$\phi1200 \times 10$	3.60, 1.85	7.225	
实测	$\phi114 \times 5.5$	0.00, 0.63	8.140	$\phi114 \times 5.5$	0.20, 0.63	8.140	MaRX 15650 点
模拟	$\phi114 \times 5.5$	0.10, 0.65	46.745	$\phi114 \times 5.5$	0.40, 1.43	6.547	
实测	$\phi114 \times 5.5$	0.00, 053	8.140	$\phi114 \times 5.5$	0.20, 0.53	8.140	MaRX 15700 点
模拟	$\phi114 \times 5.5$	0.15, 0.51	49.217	$\phi114 \times 5.5$	0.28, 1.05	8.624	
实测	$\phi114 \times 5.5$	0.00, 0.49	8.140	$\phi114 \times 5.5$	0.20, 0.49	8.140	MaRX 15725 点
模拟	$\phi114 \times 5.5$	0.15, 0.70	46.745	$\phi114 \times 5.5$	0.55, 1.48	7.094	

与实测剖面对比表明：所采用的模拟方法可以用来分析平行管的 TEM 响应特征。

3. 平行管道横剖面 TEM 响应特征

依据表 3 – 8 中参数模拟的 TEM 横剖面示于图 3 – 33、图 3 – 44、图 3 – 35 和图 3 – 36 中。

表 3 – 8 平行管道重叠回线装置 TEM 模拟所用参数表

示图编号	左侧（A）管			右侧（B）管			道间距 D
	规格/mm	位置 x, h/m	等效综合参数	规格/mm	位置 x, h/m	等效综合参数	
图 3 – 33	$\phi373 \times 7$	1.0, 2.0	4.871	$\phi373 \times 7$	5.0, 2.0	4.871	$D = 2.0h$
图 3 – 34	$\phi373 \times 7$	1.0, 2.0	4.871	$\phi373 \times 7$	3.0, 2.0	4.871	$D = 1.0h$
图 3 – 35	$\phi373 \times 7$	1.0, 2.0	4.871	$\phi373 \times 7$	2.0, 2.0	4.871	$D = 0.5h$
图 3 – 36	$\phi373 \times 8$	2.0, 2.0	3.827	$\phi237 \times 6$	4.0, 1.5	7.001	

图 3 – 33 表明：埋深相同的平行管道，当其间距超过 2 倍埋深时，可以视作两个"单管"分别对其进行 TEM 壁厚检测。

从图 3 – 34 中看到：间距不小于其埋深的两个平行管道，仍然可以通过"平头"极大值特征予以识别，但准确判断其位置已经比较困难。对于能够识别的平行管道，可以在左侧管的左边对左侧管（或者在右侧管的右边对右侧管）进行 TEM 壁厚检测。

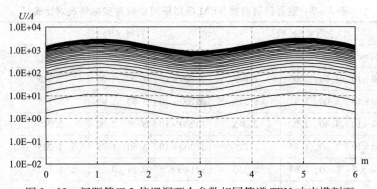

图 3-33　间距等于 2 倍埋深两个参数相同管道 TEM 响应横剖面
（左侧管：$\phi373 \times 7mm$，$x=2.0m$，$h=2.0m$；右侧管：$\phi373 \times 7mm$，$x=5.0m$，$h=2.0m$）

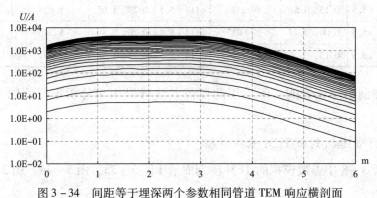

图 3-34　间距等于埋深两个参数相同管道 TEM 响应横剖面
（左侧管：$\phi373 \times 7mm$，$x=2.0m$，$h=2.0m$；右侧管：$\phi373 \times 7mm$，$x=3.0m$，$h=2.0m$）

　　图 3-35 是间距小于其埋深的两个平行管道的 TEM 模拟横剖面，TEM 响应只有一个极大值，已经看似一个埋深更大的"单管"TEM 响应。显然，对于如此情况，无论对于哪个管道都是不能进行 TEM 壁厚检测的。

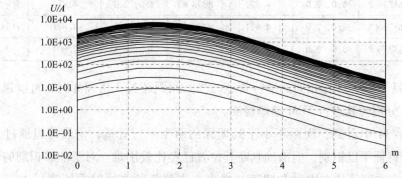

图 3-35　间距等于 0.5 倍埋深两个参数相同管道 TEM 响应横剖面
（左侧管：$\phi373 \times 7mm$，$x=2.0m$，$h=2.0m$；右侧管：$\phi373 \times 7mm$，$x=2.0m$，$h=2.0m$）

　　埋深、管径、壁厚都不相同的两个平行管道的 TEM 模拟横剖面示于图 3 - 36 中。不难看出，这是更为复杂的情况。不过，在这幅图中能够辨识出两个管道的存在，因此也可以在左侧管的左边对左侧管（或者在右侧管的右边对右侧管）进行 TEM 壁厚检测。

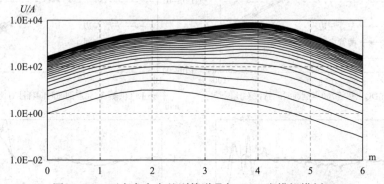

图 3 - 36　两个完全有差别管道叠加 TEM 应模拟横剖面

（左侧管：$\phi373 \times 8mm$，$x = 2.0m$，$h = 2.0m$；右侧管：$\phi237 \times 6mm$，$x = 4.0m$，$h = 1.5m$）

有关上下重叠、铁皮包覆、套管保护等叠加情况将在下面叙述。

4. 平行管道时间特性分析

首先来看一看 DQ 供热管道和 MaRX 输油管道的实际情况。

图 3 - 37（a）是 DQ 供热管 700 点剖面不同部位（左管左边、两管之间、右管右边）的实测衰减曲线，其中两管之间曲线衰减比左管左边、右管右边的都要明显一些。与图 3 - 37（c）壁厚反演（剖面上 4m 以右干扰显著）图相对应的是左管左边 TEM 检测壁厚趋于左管实际壁厚，右管右边 TEM 检测壁厚趋于右管实际壁厚，两管之间的壁厚却低于实际壁厚（12mm）。

550 点剖面与 700 点剖面有着同样的情况。

MaRX 输油管 15650 点、15700 点、15725 点处实测横剖面反演壁厚情况示于图 3 - 38 中。三条剖面都反映了一个事实，即左侧管的左边反演壁厚趋于 5.5mm（左侧管的实际壁厚），右侧管的右边则趋于 6.0mm（右侧不明管的可能壁厚）。两管相互干扰部位（- 80 ~ 80mm，右侧不明管的埋深应在 1.3m 左右）反演出的管壁厚度无论是与左侧管或与右侧管相比都有不同。对照 DQ 供热管的情况可以看到当两个互相平行管的规格相同时，用两管之间（相互干扰部位）数据反演出的管壁厚度值比两个管道中任何一个的实际壁厚值都低。这一特点对于 15725 点剖面更为突出。

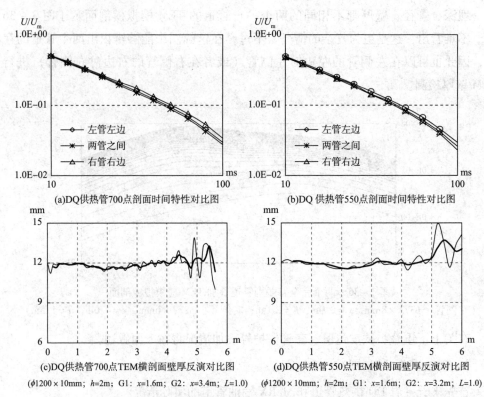

(a)DQ供热管700点剖面时间特性对比图　　　　(b)DQ供热管550点剖面时间特性对比图

(c)DQ供热管700点TEM横剖面壁厚反演对比图　　　(d)DQ供热管550点TEM横剖面壁厚反演对比图

(ϕ1200×10mm; h=2m; G1: x=1.6m; G2: x=3.4m; L=1.0)　　　(ϕ1200×10mm; h=2m; G1: x=1.6m; G2: x=3.2m; L=1.0)

图3-37　DQ供热管道壁厚TEM检测实测反演横剖面

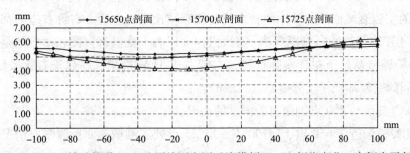

图3-38　MaRX输油管道TEM壁厚检测实测反演横剖面（左侧指向北，右侧有平行管）

不同埋深、不同间距平行管模拟试验的情况示于图3-39中，所用参数见表3-9。

表3-9　重叠回线装置不同埋深、不同间距平行管TEM模拟所用参数表

对比内容	左侧（A）管	右侧（B）管	管道间距
规格	ϕ425×8mm	ϕ273×7mm	
电导率	3.18×10^{6}S/m	4.46×10^{6}S/m	
磁导率	105×4π×10^{-7}H/m	150×4π×10^{-7}H/m	

续表

对比内容	左侧（A）管	右侧（B）管	管道间距
位置1	$x=1.5\text{m}$，$h=2.0\text{m}$	$x=2.5\text{m}$，$h=1.5\text{m}$	1.0m
位置2	$x=1.5\text{m}$，$h=2.0\text{m}$	$x=3.0\text{m}$，$h=1.5\text{m}$	1.5m
位置3	$x=1.5\text{m}$，$h=2.0\text{m}$	$x=3.5\text{m}$，$h=1.5\text{m}$	2.0m

图3-39中上部的图是水平间距为1.5m时的两个平行管道的TEM响应横剖面。左下部是按左侧管道规格与材质反演的壁厚剖面图，右下部是按右侧管道规格和材质反演的壁厚剖面图。

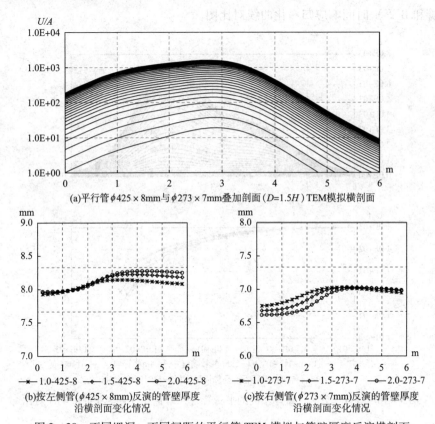

(a)平行管$\phi425\times8\text{mm}$与$\phi273\times7\text{mm}$叠加剖面（$D=1.5H$）TEM模拟横剖面

(b)按左侧管($\phi425\times8\text{mm}$)反演的管壁厚度沿横剖面变化情况

(c)按右侧管($\phi273\times7\text{mm}$)反演的管壁厚度沿横剖面变化情况

图3-39　不同埋深、不同间距的平行管TEM模拟与管壁厚度反演横剖面

不难看出，按左侧管参数反演的管壁厚度在左侧管的左边趋于左侧管的实际壁厚（8mm），按右侧管参数反演的管壁厚度在右侧管的右边趋于右侧管的实际壁厚（7mm）。显然，两管的间距越小，相互影响的程度越严重。

图3-40中表达的是，与"单管"比较，平行管道叠加后的时间响应特征会有哪些区别。图中模拟参数见表3-10。

表 3 - 10　重叠回线装置埋深、管径、壁厚不同的平行管 TEM 模拟所用参数表

对比内容	左侧（A）管	右侧（B）管	管道间距
规格	$\phi 373 \times 8mm$	$\phi 237 \times 7mm$	
电导率	$3.18 \times 10^6 S/m$	$3.18 \times 10^6 S/m$	
磁导率	$105 \times 4\pi \times 10^{-7} H/m$	$105 \times 4\pi \times 10^{-7} H/m$	
位置 1	$x = 2.0m,\ h = 2.0m$	$x = 4.0m,\ h = 1.5m$	2.0m

图 3 - 40 （a）的横剖面纵坐标采用算术值，给出另一种视觉概念。图 3 - 40 （b）是横剖面上不同位置的时间响应归一化曲线与"单管"（模拟参数为表 3 - 9 中的 A 管和 B 管）时间响应归一化曲线对比图。

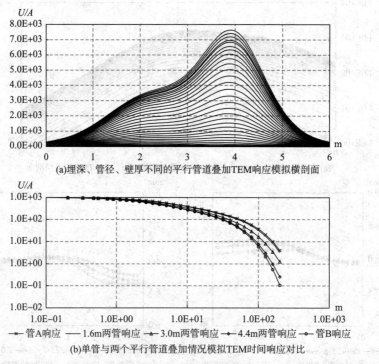

(a)埋深、管径、壁厚不同的平行管道叠加TEM响应模拟横剖面

(b)单管与两个平行管道叠加情况模拟TEM时间响应对比

图 3 - 40　埋深、管径、壁厚不同的平行管与"单管" TEM 模拟时间响应对比

依然看到，叠加横剖面 1.6m 处（左侧管的左边）的曲线与"单管"A 趋于一致；4.4m 处（右侧管的右边）的曲线与"单管"B 趋于一致；而在两管之间（3.0m 处）的叠加响应曲线无论与 A 管还是 B 管都有较大的差别。

还有一种垂直叠加的平行管需要讨论。图 3 - 41 表达的是，规格为 $\phi 529 \times 8mm$ 的管道埋深 2m，上方有一个规格为 $\phi 159 \times 5mm$ 的管道与其平行叠加，当上方管的埋深逐渐增加（由 0.5m 增加至 1.5m）时，叠加响应的时间特征。

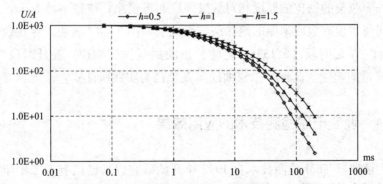

图 3 – 41　垂直方向叠加（上方管埋深不同）的平行管 TEM 模拟时间响应对比

　　可以看到，上方较细管道埋深小的情况下，衰减曲线主要反映了上方细管的时间特征。随着埋深增加，下方大管道的影响逐渐明显。无论如何，对垂直叠加的平行管进行 TEM 壁厚检测是困难的。

　　上述实测与模拟对比、分析的结果表明：对于水平间距不小于其埋深的两个平行管道采用"偏置"回线的办法可以进行 TEM 壁厚检测，但必须保证有足够的信噪比。

　　5. 铁皮包覆和套管保护管道的 TEM 壁厚检测

　　铁皮包覆和套管保护的管道是平行叠加管道的一种特殊情况。检测现场经常会遇到有套管保护的管道需要检测，但 TEM 测得的平均管壁厚度往往比预期的要小。究其原因，是套管对欲测管段的影响，即套管的"屏蔽"作用，图 3 – 42 中模拟了规格为 $\phi 529 \times 8mm$、材质为 Mn16、钢质管道外有套管（螺纹钢）的情况。从图中可见，时间响应曲线是管道和套管的综合衰减曲线，包有 5mm 套管与包有 7mm 套管的综合衰减曲线相重合，实际上已无区别。值得一提的是，有套管的综合衰减曲线比无套管的"单管"衰减曲线（见前）衰减快，换言之，有套管时反演的管壁厚度比无套管时的小，这与实际情况是一致的。

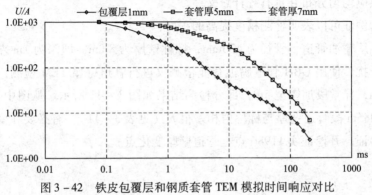

图 3 – 42　铁皮包覆层和钢质套管 TEM 模拟时间响应对比

管道外面包覆的铁皮的厚度相对管壁厚度而言很小，往往不足 1mm，而且铁皮与管道之间通常填有数厘米厚的绝热层或保温层。图 3-42 表明，存在铁皮包覆层时，TEM 响应早延时段（5.133ms 之前）反映的是铁皮响应，晚延时段（16ms 以后）则是管道的响应。此种"二层曲线"现象已为实践所证实。

3.3.4　瞬变电磁检测技术的应用效果

埋地管道壁厚 TEM 检测技术自 1992 年开始研究以来已经有近二十年了。近几年来，管道壁厚 TEM 检测技术又有了较大的进展：检测精度大幅提高，开挖验证符合率稳定；开发出了专用检测系统——GBH 管道腐蚀智能检测仪；应用效果越来越好。管道本体的安全直接关系到管道的安全运行，管道壁厚 TEM 检测方法作为管道完整性管理体系中针对管道本体完整性检测的一种技术手段，可应用于内检测无法实施的管道上，检测周期短，可及时发现事故隐患，为准确地确定需要维修更换的区段提供依据。

1. 检测精度与开挖验证符合率

管道壁厚 TEM 检测方法的检测精度与 2000 年的"最高可达 10%"相比有了很大提高。目前，埋地管道管道壁厚 TEM 检测方法已达到的技术指标如下：

检测管段长度：每个检测（点）覆盖的管段长度近似等于所采用的发射回线边长与 2 倍管道中心埋深之和（$L+2h$）。

检测精度：与实际管壁厚度相比，一般情况下，误差可控制在 5% 以内。

符合率：检测的管壁平均厚度与管壁实际平均厚度之间的偏差不超出 5% 时，称为"检测结果与实际情况相符"。一般情况下，符合率不低于 80%。

验证方法：开挖验证，采用高精度（0.01~0.1mm）测厚仪实际测量管壁厚度，测量点应均匀分布并具有统计意义。

下面的例证可以表明检测精度提高的程度：

某采油厂输油管道，管径为 426mm，标称壁厚为 8mm，埋深为 1m 左右，沿线存在电磁干扰。使用 GBH 管道腐蚀智能检测仪进行管道壁厚 TEM 检测，基本检测点距为 25m，异常段加密至 5m，部分检测结果如图 3-43 所示。从图中可以看出，11715~11985m 段管道壁厚与标称值相差很大（见表 3-11），有必要在变化最大处进行开挖验证。开挖证实 11986 点是管道壁厚变化点。

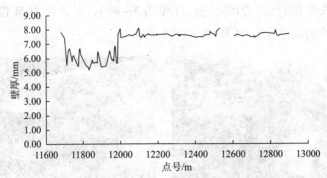

图 3-43 某输油管道（部分）管道壁厚 TEM 检测图

表 3-11 某输油管道管道壁厚 TEM 检测结果（部分）表

点号/m	11701	11715	11720	11743	11800	11900	11955	11980	11985	11989	12000
壁厚/mm	7.42	5.50	6.39	5.77	5.95	5.39	5.88	5.67	5.68	7.65	8.08

11985 点、11987 点开挖验证结果见表 3-12 和表 3-13。

表 3-12 11985 点超声测厚结果表

环向角/(°)	0	45	90	135	180	225	270	315	平均
壁厚/mm	5.71	5.74	5.64	5.88	5.38	5.68	5.72	5.84	5.70

表 3-13 11987 点超声测厚结果表

环向角/(°)	0	45	90	135	180	225	270	315	平均
壁厚/mm	7.50	7.59	7.65	7.70	7.72	7.72	7.69	7.66	7.65

对比表 3-11 与表 3-12、表 3-13 可知，11985 点（变厚点一侧）检测值为 5.68mm，超声测厚值为 5.70mm；11987 点（变厚点另一侧）检测值为 7.65mm，与其相距 2m 的 11989 点超声测厚值为 7.65mm。TEM 检测壁厚与实际壁厚相符。

2. 从开挖验证结果看应用效果

1）实验检测开挖验证情况

以下给出的是工程开挖验证过程中全部采用超声测厚仪（精度为 0.01mm）实际测量管壁厚度对比的结果。

2003 年 7 月，根据大港油田的要求，利用 TEM 评价技术对中一站～中一转输油管线准备更换的 500m（规格为 $\phi159 \times 6mm$）管段进行了实验检测，检测点距为 5m。检测报告提交后，业主对该管段全部开挖并使用超声测厚仪进行验证。500m 管道被切割为 50 段，每段管道长均在 10m 左右。为了验证的随机性，壁厚超声检测在每根管道头约 0.1m 的管体上进行（见图 3-44），并计算 TEM 检测壁厚值相对超声测定壁厚值的误差作为 TEM 壁厚检测误差。

(a)开挖后切割堆放在一起的被检管道　　　　(b)用超声测厚仪测量管壁的实际厚度

图 3-44　采用超声测厚仪测量管壁现场

开挖验证结果见表 3-14。

表 3-14　实验检测开挖验证情况一览表

序号	TEM 壁厚检测结果		超声测厚验证结果		对比位置差/m	检测误差/%
	检测位置/m	壁厚值/mm	验证位置/m	验证值/mm		
1	52.5	4.7	50.1	5.2	2.4	9.6
2	62.5	5.4	62.5	5.0	0.0	8.0
3	67.5	4.9	69.4	4.9	1.9	0.0
4	77.5	4.5	77.5	5.1	0.0	11.8
5	88.5	5.3	88.9	5.0	0.4	6.0
6	97.5	5.2	99.0	5.0	1.5	4.0
7	107.5	5.2	109.6	5.0	2.1	4.0
8	117.5	5.4	117.5	5.3	0.0	1.9
9	127.5	5.2	129.2	5.1	1.7	2.0
10	135.5	5.0	135.5	5.0	0.0	0.0
11	135.5	5.0	138.9	5.0	3.4	0.0
12	147.5	4.5	149.3	5.1	1.8	11.8
13	159.0	4.9	159.8	5.4	0.8	9.3
14	176.0	5.0	176.0	4.9	0.0	2.0
15	169.0	5.1	169.6	5.2	0.6	1.9
16	182.5	4.7	180.0	5.1	2.5	7.8
17	187.5	5.0	187.5	4.8	0.0	4.2

序号	TEM 壁厚检测结果		超声测厚验证结果		对比位置差/m	检测误差/%
	检测位置/m	壁厚值/mm	验证位置/m	验证值/mm		
18	187.5	5.0	189.3	5.2	1.8	3.8
19	199.5	5.2	199.2	5.0	0.3	4.0
20	207.5	4.9	208.7	4.9	1.2	0.0
21	217.5	4.6	218.8	4.9	1.3	6.1
22	223.8	4.6	223.8	4.9	0.0	6.1
23	224.0	4.6	224.0	5.0	0.0	8.0
24	227.5	4.2	227.5	5.0	0.0	16.0
25	232.5	4.5	232.5	5.1	0.0	11.8
26	227.5	4.2	228.7	4.9	1.2	14.3
27	235.5	4.9	238.7	4.9	3.2	0.0
28	247.5	5.1	249.0	5.0	1.5	2.0
29	260.0	5.1	259.4	5.0	0.6	2.0
30	270.0	5.1	270.1	5.0	0.1	2.0
31	282.5	5.1	282.5	5.0	0.0	2.0
32	287.5	4.9	289.2	5.1	1.7	3.9
33	294.5	5.0	294.5	5.2	0.0	3.8
34	297.5	4.9	298.9	5.1	1.4	3.9
35	303.0	5.2	303.0	5.1	0.0	2.0
36	307.5	4.7	308.6	4.9	1.1	4.1
37	316.5	5.2	316.5	4.9	0.0	6.1
38	316.5	5.2	317.7	5.1	1.2	2.0
39	327.5	5.1	327.6	5.1	0.1	0.0
40	337.5	5.1	337.6	5.1	0.1	0.0
41	347.5	4.9	347.4	5.1	0.1	3.9
42	357.5	4.7	357.4	5.1	0.1	7.8
43	367.5	4.9	367.5	5.1	0.0	3.9
44	374.0	5.1	374.0	5.1	0.0	0.0
45	377.5	5.1	377.3	4.9	0.2	4.1
46	386.0	5.1	387.2	4.9	1.2	4.1

续表

序号	TEM 壁厚检测结果		超声测厚验证结果		对比位置差/m	检测误差/%
	检测位置/m	壁厚值/mm	验证位置/m	验证值/mm		
47	398.5	5.0	398.5	4.9	0.0	2.0
48	407.5	5.2	408.5	5.2	1.0	0.0
49	417.5	5.0	418.8	5.0	1.3	0.0
50	427.5	5.1	428.6	5.0	1.1	2.0
51	437.5	5.1	438.4	5.0	0.9	2.0
52	450.0	5.2	448.4	5.1	1.6	2.0
53	457.0	5.2	458.4	4.9	1.4	6.1
54	467.5	5.3	468.3	5.1	0.8	3.9
55	478.4	5.0	478.3	5.0	0.1	0.0
56	478.4	5.0	478.4	5.0	0.0	0.0
57	487.5	4.9	488.3	5.0	0.8	2.0
58	497.5	5.0	498.3	4.8	0.8	4.2
59	507.5	5.0	508.1	4.9	0.6	2.0
60	517.5	5.0	518.1	4.9	0.6	2.0
61	527.5	5.0	529.5	5.1	2.0	2.0
62	542.5	5.0	538.0	5.1	4.5	2.0

表 3-14 中，检测值与实际值误差大于 5% 的为不符合点。共有验证点 62 个，其中不符合点为 16 个，符合率为 74.2%。对不符合的测点进行分析发现，主要原因是这部分测点处的电磁干扰严重（如 62.5、77.5、88.5、147.5、182.5、217.5、223.8、227.5、457）。剔除强干扰点后的验证点为 53 个，其中不符合点为 7 个，符合率为 86.8%。

2）检测工程开挖验证概况

2002~2006 年间开挖并采用超声测厚仪验证的检测工程涉及 19 条钢质管道，验证点总计 78 处，其中验证符合的有 65 处，符合率为 83.33%（见表 3-15）。

表 3-15　检测工程开挖验证概况一览表

检测管道名称	规格	管内介质	防腐结构	验证点数	符合点数	验证时间
胜利油田东辛寒柳线	$\phi 426 \times 7mm$	停输	沥青玻璃布	11	8	2002.6
大庆采油二厂南七联外输油管道	$\phi 273 \times 7mm$	原油	沥青玻璃布	2	2	2002.9

续表

检测管道名称	规格	管内介质	防腐结构	验证点数	符合点数	验证时间
胜利南十里堡~辛店末站输气管道	φ426×7mm	天然气	沥青玻璃布	2	1	2003.11
大港白1站~板16站低压输气管道	φ159×5mm	天然气	环氧煤沥青	14	11	2004.6
大港板24站低压外输油管道	φ159×5mm	原油	环氧煤沥青	7	6	2004.6
大港马西~九站注水管道	φ219×17mm	注采水	沥青玻璃布	12	8	2004.6
胜利油田河东线输油管道	φ426×7mm	原油	沥青玻璃布	3	3	2004.4
胜利油田丁义线输油管道	φ219×7mm	原油	保温夹克	4	4	2004.7
胜利油田孤东输油管道	φ426×7mm	原油	沥青玻璃布	2	2	2004.7
胜利油田孤东输油管道	φ529×8mm	原油	沥青玻璃布	1	1	2004.7
胜利油田孤东输气管道	φ426×7mm	天然气	沥青玻璃布	2	2	2004.7
胜利油田滨南稠油管道	φ325×8mm	原油	保温夹克	3	3	2004.12
胜利河46配水间~河三注注水管道	φ245×20mm	注采水	沥青玻璃布	9	8	2004.11
胜采四矿坨五站~坨二站输油管道	φ273×7mm	原油	沥青玻璃布	1	1	2006.4
胜采四矿3552阀组~坨五站输油管道	φ273×7mm	原油	沥青玻璃布	1	1	2006.4
胜采二矿2555计量间~坨四站输油管道	φ273×7mm	原油	沥青玻璃布	1	1	2006.6
胜采二矿注水5#管道	φ245×20mm	注采水	沥青玻璃布	1	1	2006.6
胜采胜五注~2211配水间注水管道	φ245×20mm	注采水	沥青玻璃布	1	1	2006.6
胜采胜五注~2617配水间注水管道	φ245×20mm	注采水	沥青玻璃布	1	1	2006.6
合计				78	65	

3）不同输送介质管道的开挖验证情况

根据油田特点，将被检管道按油、气、水三种输送介质划分，其开挖验证的符合情况如表3-16所示。

表3-16 不同输送介质管道开挖验证概况表

管输介质分类	开挖验证点数	不符合点数	符合率
输油管道	25	1	96.00%
输气管道	29	7	75.86%
注水管道	24	5	79.17%
合计	78	13	83.33%

表3-16中输油管道的检测验证符合率高于输气管道和注水管道的检测验证符

合率，其原因尚不明确，有待继续研究。

4）不同防腐介质的检测工程开挖验证情况

不同防腐介质管道的检测开挖验证情况列于表3－17中。其中防腐保温夹克管道的验证符合率虽然高于其他两类防腐介质的管道，但是统计样本数较少。

表3－17 不同防腐介质管道的开挖验证概况表

管径范围	开挖验证点数	不符合点数	符合率
沥青玻璃布	50	9	82.00%
环氧煤沥青	21	4	80.95%
防腐保温夹克	7	0	100.00%
合计	78	13	83.33%

5）不同年份的检测工程开挖验证情况

近年来的部分检测开挖验证情况列于表3－18中，其中包含了2003年在大港进行的实验验证数据。

表3－18 不同年份的检测（实验）工程开挖验证概况表

年度范围	开挖验证点数	不符合点数	符合率	备 注
2002~2003	68	11	83.82%	含实验验证数据
2004	48	8	83.33%	
2005~2006	15	1	93.33%	
合计	131	20	84.73%	含实验验证数据

由于对现场数据采集技术作了改进，2005~2006年间的验证符合率有较大的提高，特别是在使用GBH数据采集器取代GDP－32进行现场数据采集以后。毫无疑问，检测仪器的灵敏度和稳定性、检测技术的精细程度等都是不可忽视的关键因素。

6）检测评价局部腐蚀的开挖验证情况

从检测实践看，腐蚀范围大（可以与被测管道的管径相比较）、腐蚀强烈（金属蚀损率超过10%）的局部腐蚀容易被发现。此外，发生在防护失效部位的局部腐蚀比发生在防护正常部位的易于被发现（在于主观关注程度）。开挖验证举例如下。

（1）开挖位置：胜利油田丁义线17800号测点。

检测值：防腐层综合等级为五级，破损点，管体剩余平均壁厚为5.4mm。

管体腐蚀范围长84cm，最宽处为35cm，呈长椭圆形，腐蚀严重处长为68cm，最宽处为35cm。腐蚀产物为黑色和暗红色坚硬物质（见图3－45）。

管道原始壁厚为6mm，开挖段实测壁厚为3.04~5.73mm，按面积加权平均值为5.43mm。检测结果与实际情况相符。

图3-45　胜利油田丁义线17800号测点　　　图3-46　胜利油田丁义线17836号测点

（2）开挖位置：胜利油田丁义线17836号测点。

检测值：防腐层综合等级为三级，破损点，管体剩余平均壁厚为5.3mm。

腐蚀区上部呈驼峰状，下部延伸到管道底部，长64cm，最宽处为35cm。腐蚀产物为黑色和暗红色松散粉状物质（见图3-46）。

管道原始壁厚为6mm，开挖段实测壁厚为2.48~5.65mm，按面积加权平均值为5.16mm。检测结果与实际情况相符。

7）检测评价管道内壁腐蚀的开挖验证情况

管道内壁腐蚀的范围较大时，可以利用TEM技术检测管道壁厚变薄部位，举例如下。

（1）开挖位置：胜采四矿3552阀组~坨五站输油管道250号测点。

检测值：防腐层综合等级为一级，管体剩余平均壁厚为6.3mm。

总共采集8个环带512个超声波测厚数据，每个环带数据取平均值作为此环带的管壁厚度值，8个环带的管壁厚度值再作平均得到该处管道平均剩余厚度值，数据具有统计意义。超声波检测管壁厚度平均值为6.51mm，TEM检测壁厚值相对实际壁厚值的误差为3.20%，检测结果与实际情况相符。

防腐层质量良好，管体表面腐蚀轻微，有划痕、机械损伤现象。管道规格为$\phi273 \times 7$mm，超声波壁厚检测最大值为7.31mm，最小值为2.27mm。经过分析后发现腐蚀主要发生在管道下部的管内壁处（见图3-47）。

（2）开挖位置：大港油田马西~九站注水管线3180号测点。

检测值：防腐层综合等级为二级，管体剩余平均壁厚为15.45mm。

管体标称壁厚为17mm，超声波壁厚检测平均值为15.58mm，TEM检测壁厚值相对实际壁厚值的误差为0.83%，检测结果与实际情况相符（见图3-48）。

图 3-47 胜采 3552 阀组~坨五站
输油管道 250 号测点

图 3-48 大港马西~九站
注水管线 3180 号测点

3.4 工艺管道瞬变电磁检测方法

将瞬变电磁法（TEM）用于工艺管道（带包覆层管道）腐蚀检测的先驱是澳大利亚的地球物理学家 B R Spies。他将自己开发的一套系统与博士期间研制的实验线圈组合起来组成 TEMP（Transient Electro Magnetic Probe）系统。RTD 在 1995 年获得了此技术在全球的独家许可，并将 TEMP 系统加以改进命名为 INCOTEST（INsulated COmponent TEST）系统。瞬变电磁在无损检测领域中被称为脉冲涡流（PEC）检测。20 世纪 90 年代，我国李永年教授领导的技术团队开始研究将瞬变电磁法应用于埋地管道管体检测，同时也针对工艺管道的特点开展了检测研究。

3.4.1 工艺管道隐患及其排查特点

1. 工艺管道隐患及特点

为了防止输送冷热介质的管道外表面直接与空气接触，造成过大的能耗损失，工艺管道多采用包覆层结构，包覆层由保护层和保温层构成，常用的保温层材料有聚氨脂、岩棉、硅酸铝等，保护层一般为厚度为 1~2mm 的铝皮、镀锌铁皮或不锈钢皮等。输送的介质经常会通过腐蚀、冲蚀等方式造成管体内壁的壁厚缺损；管道外包敷的保温层材料多孔易吸水，易形成电化学腐蚀环境，出现管体外壁的保温层下腐蚀。

2. 常规排查方法及其局限性

工艺管道与埋地管道检测相比有不同的特点：提离高度小，使用小型传感器即可满足要求。目前采用的常规方法主要有超声波检测和射线检测。超声波检测前需要拆除覆盖层，甚至还需进行打磨处理，检测完成后，再对打磨区域和覆盖层进行恢复，不仅工序多、综合耗时长，若恢复不善还会形成新的腐蚀隐患。射线检测难以适用于直径较大工艺管道的不停机检测，且射线法对人身安全防护要求严苛，效率低、成本高。因此，开发新的带覆盖层条件下的快速腐蚀检测技术是世界研究的热点。

3. 瞬变电磁技术检测工艺管道隐患的优点

瞬变电磁技术因检测成本低、综合效率高而逐渐得到重视。其优点为：

（1）可实现不拆覆盖层检测；

（2）适用于工艺管道在线检测；

（3）检测速度快、效率高；

（4）检测成本低；

（5）对人身无伤害。

3.4.2 检测方法与消除干扰措施

1. 方法概述

瞬变电磁在无损检测领域中被称为脉冲涡流（PEC）检测。其基本原理如图3-49所示。通有单个矩形脉冲或方波电流的激励线圈发射出一次磁场，当一次磁场变化时，将在被检件中感生出涡流，该涡流的衰减特性与被检件的磁导率、电导率、厚度等因素相关，采用接收元件（线圈、磁敏或磁阻元件）测量该涡流产生的二次磁场，即可获得被检件的检测信号，进而得到特征时间。

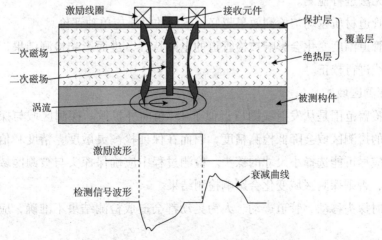

图3-49 工艺管道瞬变电磁检测原理图

特征时间与被测管道壁厚有一定的函数关系：

$$\tau = c \cdot \mu \cdot \sigma \cdot d^2 \tag{3-8}$$

式中：c 为系数；τ 为衰减时间；μ 为磁导率；σ 为电导率；d 为管道壁厚。

选定被检件某一已知厚度区域的检测信号为参考信号，比较待测区域的检测信号与参考信号的特征时间，可获得待测区域与对比区域的厚度值变化。

2. 影响因素及抗干扰措施

瞬变电磁法检测结果受被检管道的规格材质、保护层的种类结构、温度变化、探测参考区域的变化等因素影响，检测时需准确标定。

1）电磁干扰

外界电磁干扰是影响瞬变电磁方法检测精度的主要因素。可采用加大激励电流、增加收发磁矩、适当增加采集次数取平均值、多次重复观测、避开瞬间干扰时段观测等手段抑制外界电磁干扰，提高信噪比，使数据误差控制在 3% 之内。对强干扰地段（数据误差大于 5%），应弃点并作记录。

2）覆盖层

不同种类、结构和厚度的覆盖层都会影响检测的灵敏度和精度。带有非铁磁性材料如铝、不锈钢的保护层因信号衰减快，影响到管体响应时间的可能性低，比带有铁磁性的保护层检测效果好。对于带有铁磁性保护层的覆盖层，采取外加磁化方式将保护层磁化到饱和，则检测效果更好。覆盖层越单一检测效果越好。

3）管道规格及材质

被检管道管径过小、管壁过薄或过厚、曲率过大、内部不连续都会使检测效果变差或者无法进行检测。

被检管道材质越均匀检测效果越好，不同的材质应单独评价。

被检管道温度变化会影响被检管道的电磁特性，进而影响检测结果，可制作温度变化曲线进行校正。

4）探测区域

信号覆盖范围是从发射线圈以近似于 45° 角向外扩散。探测区域与探头尺寸相对应，大的探测区域会降低检测精度，因而在保证检测灵敏度、精度和信号质量的情况下，应尽可能选择小尺寸的探头。检测过程中应确保探头与被测区域平行或者对正相切，否则探测区域变化会影响检测结果。

检测时探头移动、管道震动、人为晃动都会造成检测结果不准确，应保证探头的稳定。

检测时在探头附近 2 倍提离高度范围内不应有其他电磁导体或电磁场，否则可能对检测结果有影响。

5）参考区域

当检测区域与参考区域之间存在较大的物理特性差异时，如材质、原始壁厚等发生变化，如果没有重新设置参考区域，则检测结果往往会有一定的偏差。

3.4.3　工艺管道隐患检测流程

1. 检测前的准备

1）收集资料

主要包括以下内容：

（1）被检测管道制造文件资料：包括管道规格、材质、覆盖层结构、单线图等；

（2）被检测管道运行记录资料：包括投产日期、开停车情况、运行参数、输送介质、载荷变化情况以及运行中出现的异常情况等；

（3）检验资料：包括历次检验与检测报告；

（4）其他资料：包括修理和改造的文件资料等。

2）现场勘察

应对被检管道现场进行勘察，找出所有可能影响检测的因素，如探测区域附近的用电设备、其他金属体，覆盖层的种类、结构和厚度，管体温度等情况。在检测时应尽可能避免这些因素的干扰。

3）编制作业指导书或工艺卡

对于每个检测工程或每套被检设备，根据使用的仪器和现场实际情况，按照通用检测工艺规程编制作业指导书或工艺卡，确定瞬变电磁检测的部位和表面条件，同时对被检管道进行测绘，对检测部位进行编号，画出被检管道结构示意图。检测部位应避开内部或外部金属附件。

2. 检测表面条件要求

被检管道表面应无大面积疏松的锈蚀层、焊疤及其他金属连接结构等。被检管道材质应一致，并且无较大的振动。

覆盖层应连续且厚度均匀。当检测点覆盖层的厚度变化大于 20% 时，应重新设置参考点。对于带有金属保护层的被检管道，应实测是否影响到管体的响应信号，如有影响则采取措施使影响一致。对于含有金属网结构的覆盖层，不规则的金属网布置会影响检测的结果。

3. 选择参考区域

1）参考区域的选择原则

（1）选择已知壁厚区域或可进行超声波测量的区域：对于需要进行超声波测量的参考区域，应局部去除覆盖层和涂层，进行超声波测厚，对测量的结果作综合分析后可作为参考区域的壁厚值。

（2）尽量选择检测信号响应点明显、无明显电磁及其他金属体干扰、覆盖层和管体特性相同的区域作为参考区域。

（3）与被检管道具有相同材质、相同覆盖层材料及厚度、相同表面条件、相同工况以及使用相同探头等情况时，也可采用已知壁厚的数据作为参考值。

2）调整参考区域

当检测区域与参考区域之间存在较大的物理特性差异（如被检管道材质不一致，公称壁厚偏差大，曲率变化较大，温差超过50℃，覆盖层的种类和结构发生较大的变化，覆盖层的厚度变化大于50%，覆盖层内金属网的布置不规则以及被检管道周围的环境存在很大的电磁差异等情况）时，应重新选定参考区域。

3）记录参考区域

对选定的参考区域进行详细记录。

4. 检测实施

1）被检管道区域编号

在检测之前一般按适当的网格模式对即将检测的部位进行编号，分别进行轴向和周向编号，并应详细记录，确保检测结果与具体检测区域一一对应。检测区域编号示例如图3-50所示。

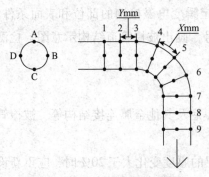

图3-50 检测区域编号示例图

2）检测

按照网格轴向或周向顺序对各区域进行检测。每个检测区域应重复检测3次，测量误差保持在±5%之内方可记录数据，最后结果取平均值。检测过程中，当发现检测区域的物理特征和参考区域相比发生了较大的变化时要详细记录。当测量数据不稳定而出现较大范围的浮动或随机变化时，可放弃该区域的检测或改变检测区域位置。

检测时要确保探头发射磁场垂直于被检管道表面，并保持探头稳定以防止移动或振动。

5. 检测记录

检测记录的主要内容至少包括：

（1）检测机构名称；

（2）被检管道标识；

（3）被捡件材质；

（4）被检管道规格；

（5）覆盖层类型、结构和厚度；

（6）表面状态；

（7）参考区域标注；

（8）检测部位示意图；

（9）验收准则；

（10）校准试件；

（11）检测仪器；

（12）检测探头；

（13）检测参数设置；

（14）检测结果；

（15）超出验收标准部位的标注；

（16）检测结论；

（17）检测与审核人员资格、签字及日期。

检测记录和检测数据应按合同约定保存。

6. 数据解释和评价

检测完成后，应以列表的形式逐点给出检测结果，必要时绘制出被检管道剩余壁厚示意图。

当与参考区域相比，检测区域存在较大的物理特性差异时，应对检测数据进行适当的修正或补偿，再对修正补偿后的结果进行重新评价。

7. 检测结果的验证

瞬变电磁检测给出的是探测区域的壁厚当量，由于裂纹、应力集中、焊疤等缺陷的影响，检测结果显示的当量值与其真实情况会存在一定的差异，因此一旦发现10%以上壁厚减薄信号，首先应拆除覆盖层，然后采用以下方法进行验证：

（1）采用目视和小锤敲击的方法进行检测，以分辨腐蚀是位于外表面还是内表面；

（2）用超声波测厚仪测量该部位的剩余壁厚；

（3）对于外表面缺陷可采用深度尺直接测量缺陷的深度；对于内表面缺陷，应进行超声检测，以便更精确地测量腐蚀坑的深度，检测标准按 JB/T 4730.3 执行；

（4）采用射线、漏磁、磁记忆等无损检测方法进行验证检测。

必要时，经用户同意，也可采用抽查解剖的方式进行验证。

第4章　管道隐患排查电磁检测案例

4.1　埋地管道管体隐患排查案例

4.1.1　内腐蚀直接评价（ICDA）案例

本案例是《埋地钢质管道内腐蚀直接评价》标准初稿的首次现场应用，应用管道为华北油田 MR 线、MS 线，进行了两次现场检测及评价工作。2008 年主要完成了管道内腐蚀直接评价技术中的间接检测及评价，2009 年完成了管道内腐蚀直接评价技术中的直接检测及评价。

1. 内腐蚀直接评价的程序与内容

项目分别于 2008 年 10～11 月、2009 年 11 月在华北油田 MR 线和 MS 线管段进行了现场检测、评价及分析。主要内容如下：

1）预评价

（1）收集资料：管线泄漏和维修更换记录、壁厚、防腐层种类、药剂及阴极保护等实施情况、以往检测报告等；

（2）介质腐蚀速率、化学成分等检测；

（3）可行性分析；

（4）管道 ICDA 分段。

2）间接检测及评价

（1）防腐层地面检漏（PCM、ACVG）测试；

（2）TEM 地面间接检测；

（3）间接检测评价。

3）直接检测及评价

（1）确定开挖数量；

（2）探坑内管道腐蚀直接检测、防腐层保护状况检测、环境腐蚀性检测等；

（3）切割管段内壁腐蚀检测及验证；

（4）腐蚀管道剩余强度评价；

（5）原因分析；

（6）间接检测分级准则的验证。

2. 预评价

预评价为间接检测和直接检测与评价前的准备工作。

1）管线概况及资料收集

本次在华北油田现场试验研究的对象为华北油田采油一厂的 MR 线和 MS 线两条管线，由于上述两条管线历经多次更换改造，基本数据的有效性需要现场确认。

根据现场调查及资料分析，两条管线的主要腐蚀特征可能为内腐蚀。两条管线收集到的基本情况如下：

（1）MR 输油管线（MR 线）

投产时间：1979 年；

规格长度：$\phi219 \times$（6~7）mm，12.95km；

泵压：0.8~0.9MPa；管压：0.7~0.8MPa；管线设计压力：4.0MPa；

外输温度：60℃；外输排量：38.5m³/h；原油含水：60%~70%。

主要表现为内腐蚀，已穿孔 100 次以上。1998~2000 年分段更换，预计 2008 年底可更换流程，该管线报废。

（2）MS 外输线（MS 线）

投产时间：1994 年；

规格长度：$\phi114 \times 5$mm，5.134km；

泵压：2.0~2.3MPa；管压：1.0~1.7MPa；管线设计压力：2.5MPa；

外输温度：60℃；外输排量：20m³/h。

2）管道内直接评价（ICDA）分段

（1）分段的主要依据

根据 SY/T 0087.2《钢质管道及储罐腐蚀评价标准 埋地钢质管道内腐蚀直接评价》标准 4.4.1 条 ICDA 管段划分原则，即按管输介质品种、介质腐蚀性、流动方式、运行条件、管道内防护方式、管道规格及材质、施工因素、维护更换年限及相关信息、管道腐蚀泄漏事故发生频率等影响腐蚀发生位置、腐蚀机理或腐蚀速率等因素进行划分。至少应根据以下因素确定一段 ICDA 管段：

①以往和现在的化学药剂注入段；

②以往和现在的管输产品交接点；

③管径壁厚变化段；

④以往和现在的清管器操作点（发射/接收点）。

（2）具体管道具体分析

通过与华北油田采油一厂结合、MR线现场踏勘及收集到的相关资料表明，MR线全线管输介质品种、流动方式、介质腐蚀性、运行条件、管材、管道内防护方式（均无内防腐层）基本相同。全线有较频繁的腐蚀泄漏事故，但由于记录的位置和时间等数据的准确性问题，该数据还不能作为管道分ICDA管段的依据。

同时调查表明，MR线由于腐蚀严重，近10多年来主要经过3次更换（更换基本情况见表4-1）。由于更换管段的壁厚及年限有所变化，因此对MR线、MS线主要考虑管道规格及运行年限等因素进行ICDA分段。

表4-1　更换状况与检测分段对照情况

ICDA管段序号	更换起止点	管道规格	最近更换年度
1	3650～8536m	$\phi 219 \times 7mm$	2000年
2	8536～11872m	$\phi 219 \times 6mm$	1998年
3	11872～12360m	$\phi 219 \times 7mm$	2004年

收集到的MR输油管线维修更换资料如下：

MR线投产于1979年，全长12.95km，规格为$\phi 219 \times 6mm$。由于腐蚀穿孔严重，曾进行过3次维修更换：

①1998年3月～1998年4月期间更换MD站～牛村段管线共3400m，管道规格为$\phi 219 \times 6mm$；1998年7月17日～1998年12月31日期间共更换两段管线共1530m，管道规格为$\phi 219 \times 7mm$，其中砖厂～香河渠段630m，杜牛水渠～牛村段900m。

②2000年9月15日～2000年12月15日期间共更换3段管线共3800m，规格为$\phi 219 \times 7mm$，其中MD站外围墙段590m，香河渠～杜牛渠段795m，砖厂～任文渠段2415m。

③2004年3月30日～2004年5月20日期间共更换管线225m，规格为$\phi 219 \times 7mm$。

另外，MR线现场踏勘表明，0～3650m位于开发区，建筑密集，不能开挖；11432～11872m位于东皇里村南路中，不能开挖，并且村边水泵运行影响管道路由定位。因此，上述2段管道不作为本次检测试验段。

（3）最终确定分段

综上所述，初步将MR线划分为如下3个ICDA管段，共8270m：

①3650～8536m管段；

②8536～11432m 管段；

③11872～12360m 管段。

另外，对于 MS 线，经调查其主要腐蚀特点可能是垢下腐蚀。为了解结垢管线对本技术体系的适应性，根据 MR 线现场踏勘和调查结果，仅选取 MS 线 700～1850m 段为试验管段。该管段管输介质品种、流动方式、运行条件、管道材质及规格、施工因素、管道腐蚀泄漏事故发生频率等基本相同，可视为一个 ICDA 管段。

3）管道外直接评价（ECDA）分段

由于 MR 线、MS 线沿线土壤环境、土壤腐蚀性、管道外腐蚀泄漏事故发生频率等条件较为一致，按照 SY/T 0087.1《钢质管道及储罐腐蚀评价标准 埋地钢质管道外腐蚀直接评价》标准 3.2.2 条规定，将 MR 线和 MS 线各视为一个 ECDA 区进行评价。

4）ICDA 可行性评价

从预评价调查资料及 MR 线、MS 线沿线的环境情况来看，除了 0～3650m 段由于经过开发区，11432～11872m 段位于东皇里村南路中，且村边水泵运行影响管道路由定位，不能进行检测及开挖而未进入 ICDA 分段之外，其他段均可进行检测，收集的数据也基本能够满足 3 个 ICDA 管段的检测及评价的需要。

3. 间接检测及评价

间接检测与评价的目的是确定内壁腐蚀可能发生的位置，即开展地面间接检测，结合历史记录，进行管道内腐蚀可能性的判断。

1）TEM 检测及评价

（1）检测范围及步骤

检测范围：

①MR 线：3650～8536m、8536～11432m、11872～12360m，共 8244m。

②MS 线：700～1850m，共 1150m。

检测步骤：

①管线路由及外防腐层检测。

②使用 PCM + 探测管线路由，同时检测外防腐层破损点。

③TEM 检测：采用 25m 间距均布测点，在外防腐层破损处也布设测点进行 TEM 检测，根据初算结果在数据异常点进行加密检测，同时进行 TEM 数据重复性检测。

（2）检测评价结果

①预评价 ICDA 分段的修正

根据 TEM 检测数据，绘制了 MR 线和 MS 线管壁厚度变化图（以收集的管道壁厚为基准），如图4－1和图4－2所示。

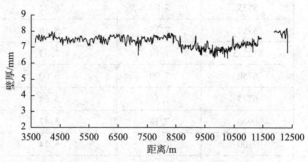

图4－1　MR 线管壁厚度变化图（2008 年）

图4－1表明 MR 线沿线 TEM 实测的管道平均壁厚分布与收集的资料有出入，需以实测数据对预评价 ICDA 分段起止点进行修正，具体情况见表4－2。

表4－2　ICDA 分段的修正及与管道壁厚对照情况

ICDA 管段序号	预评价分段起止点	间接检测分段起止点	管道规格
1	3650～8536m	3610～8579m	$\phi219 \times 7mm$
2	8536～11432m	8600～11310m	$\phi219 \times 6mm$
3	11872～12360m	11325～12340m	$\phi219 \times 7mm$

图4－2表明 MS 线沿线 TEM 实测的管道平均壁厚分布与收集的资料一致。

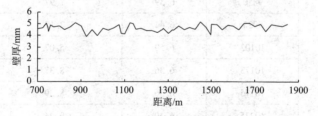

图4－2　MS 线管壁厚度变化图

②管体金属损失量评价分级

根据 TEM 检测结果（以收集的管道壁厚为基准），按照 SY/T 0087.2《钢质管道及储罐腐蚀评价标准 埋地钢质管道内腐蚀直接评价》标准中表5.3.1规定的管体金属损失量评价分级准则，将 MR 线评价等级为"中"和"严重"（平均壁厚减薄率≥5%）的点列于表4－3中。

表 4 – 3　MR 线平均壁厚减薄率≥5%的点分级评价表（2008 年）

间接检测 ICDA 段号	点号（位置）/m	平均壁厚/mm	平均壁厚减薄率/%	评价等级
1 段 （3610~8579m）	4587.2	7.12	5.61	中
	5475	7.06	6.40	中
	5525	7.07	6.22	中
	5950	7.15	5.16	中
	6125.5	7.14	5.33	中
	6750	7.09	6.00	中
	6775	7.11	5.69	中
	6900	7.13	5.47	中
	7100	7.07	6.24	中
	7194.7	6.51	13.71	严重
	7275	7.06	6.36	中
2 段 （8600~11310m）	9325	6.55	5.58	中
	9373	6.49	6.45	中
	9375	6.59	5.01	中
	9773	6.46	6.92	中
	9775	6.46	6.86	中
	9777	6.44	7.18	中
	9825	6.30	9.29	中
	9826	6.53	5.92	中
	9850	6.39	7.97	中
	9925	6.44	7.17	中
	10102	6.59	5.07	中
	10173	6.36	8.37	中
	10175	6.36	8.29	中
	10275	6.30	9.24	中
	10277	6.51	6.20	中
3 段（11325~12340m）	12337.5	6.65	12.11	严重

从表 4 – 3 中可以看出：

a. 评价等级为"中"的有 25 个点，评价等级为"严重"的有 2 个点，可作为开挖选点的范围。

b. 从加密检测试验结果看，腐蚀连续发生的区域主要集中在第 2 段（9372 ~ 9376m、9772 ~ 9778m、9824 ~ 9827m、10172 ~ 10176m、10274 ~ 10278m）。

c. 从管体金属损失量评价等级为"中"和"严重"点的分布情况看，第 1 段和第 2 段相对较密集。

根据 TEM 检测结果（以收集的管道壁厚为基准），按照 SY/T 0087.2《钢质管道及储罐腐蚀评价标准 埋地钢质管道内腐蚀直接评价》标准中表 5.3.1 管体金属损失量评价分级准则，将 MS 线评价等级为"中"和"严重"（平均壁厚减薄率 ≥ 5%）的点列于表 4-4 中。

表 4-4　MS 线平均壁厚减薄率 ≥5% 的点分级评价表（2008 年）

间接检测 ICDA 段号	点号（位置）/m	平均壁厚/mm	平均壁厚减薄率/%	评价等级
1 段 （750 ~ 1850m）	750	4.33	6.65	中
	925	3.90	15.91	严重
	975	3.98	14.03	严重
	1084.5	4.17	10.02	严重
	1100	4.14	10.67	严重
	1102.5	4.27	7.90	中
	1250	4.24	8.55	中
	1300	4.17	10.13	严重
	1496	4.06	12.31	严重
	1750	4.33	6.65	中

从表 4-4 中可以看出：

评价等级为"中"的有 4 个点，评价等级为"严重"的有 6 个点。

管体金属损失量评价等级为"中"和"严重"的点分布相对较均匀。

（3）MR 线金属损失量重复性验证

本次测试在 MR 线 4125 ~ 4175m 段、9000 ~ 9100m 段、9375 ~ 9450m 段、9725 ~ 9825m 段、10075 ~ 10175m 段、10225 ~ 10350m 段基本测点进行了重复性检测。重复性检测结果见表 4-5。

表 4-5　MR 线金属损失量重复性检测结果（2008 年）

检测点数	检查点数	检查率	最大误差	最小误差	平均误差
486	29	5.97%	2.43%	0.01%	0.50%

2009 年 6 月和 11 月开挖验证之前，两次对 MR 线计划开挖的选点进行了 TEM 复测，即监测管道壁厚的变化、掌握不同季节多次重复检测的误差，结果见表 4-6。

表 4 –6 MR 线 TEM 壁厚复测结果表（2009 年）

序号	点性	点号/m	2008 年 10 月复测/mm	2009 年 6 月复测/mm	2009 年 11 月复测/mm	平均偏差/%
1	基准点	4148	7.60			
		4150	7.60			
		4150	7.61			
		4152	7.62			
2	开挖点	5475	7.06	7.01	7.08	0.4%
3	开挖点	5950	7.15	7.09	7.27	0.9%
4	开挖点	7194.7	6.51	6.94	6.67	2.3%
5	基准点	8998	6.95			
		9000	6.94			
		9000	6.94			
		9002	6.88			
6	开挖点	9373	6.49	6.40	6.43	0.5%
		9375	6.59	6.47	6.58	0.8%
		9375	6.56			
		9377	6.64	6.72	6.57	0.8%
7	开挖点	9773	6.46	6.64	6.65	1.2%
		9775	6.46	6.59	6.61	0.9%
		9775	6.55			
		9777	6.44	6.41	6.75	2.2%
8	开挖点	9925	6.44	6.40	6.45	0.3%
9	开挖点	10173	6.36	6.28	6.05	1.9%
		10175	6.36	6.88	6.22	4.0%
		10175	6.43			
		10177	6.87	7.17	6.88	1.9%
10	开挖点	10273	6.72	6.44	6.69	1.8%
		10275	6.29	6.47	6.62	1.8%
		10275	6.61			
		10277	6.51	6.43	6.45	0.5%
11	开挖点	11143.8	6.66			
12	基准点	12100	7.84		7.95	0.7%

重复性验证结果表明，TEM 检测数据的重复性较好，首次检测数据是可靠的。

2）管道外防腐层检测

PCM 检测的目的是探明管线路由，查明外防腐层破损点，分析管道外壁腐蚀的可能性。

MR 线共查出 133 个防腐层破损点，MS 线查出 14 个防腐层破损点。

3）间接检测及评价结论

（1）管壁参数作为 ICDA 管段划分的主要参数。管径、壁厚等原始数据均是 TEM 地面检测结果分析的基准，是影响间接检测及评价结果的关键数据。按标准中 ICDA 管段划分原则及上述现场具体情况分析，本次现场试验将 ICDA 管段划分因素中的管壁参数作为划分的主要参数。因此在本次现场试验中，TEM 检测具有确认或修正 ICDA 分段的作用。但由于 MR 线历经多次改造，因此管壁实际厚度需在开挖检测后继续确认，从而进一步修正 ICDA 分段起始点。

（2）SY/T 0087.2 标准附录 C 规定的瞬变电磁（TEM）检测方法是可行的。本次采用的 TEM 检测设备满足标准规定的仪器要求，现场检测完全按标准规定的测试步骤及检测方法进行，TEM 的检测结果有较好的重复性，并根据检测结果按评价分级准则对管体金属损失量进行了评价，为初步确定内腐蚀可能性较大的位置提供了依据。该结论有待开挖验证。

（3）从管道外防腐层检测情况看，管道外防腐层存在破损，外壁腐蚀可能性较大的位置需开挖验证。

4. 直接检测开挖点的选择及确定

1）目的和步骤

直接检测的目的是结合间接检测与评价结果，确定管道内壁腐蚀可能性最大的点，进行管体剩余强度的评价。

直接检测的主要步骤如下：

（1）确定开挖数量及顺序；

（2）开挖检测；

（3）腐蚀管道剩余强度评价；

（4）原因分析。

根据 SY/T 0087.2 标准 6.2 条及 SY/T 0087.1 标准的相关规定，结合 MR 线、MS 线间接测试结果，同时考虑到本项目检测及评价方法的建立，综合提出了 MR 线、MS 线直接检测的开挖点，并结合现场实际情况确定了实际的开挖点。

2）管道内直接评价开挖点的选择

（1）TEM 检测的电磁参数测定点；

（2）金属损失量与防腐层破损的相关点，即金属损失量大但无外防腐层破损（无外腐蚀）的点以及金属损失量大且外防腐层有破损（有外腐蚀）的点；

（3）金属损失量较大，等级为"严重"和"中"的有代表性的点，包括金属损失量变化较大的连续的几个点。

3）管道外直接评价开挖点的选择

现场调查表明，由于 MR 线阴极保护系统经常未能正常投运，管道外壁存在腐蚀的可能性较大。因此，直接评价时宜同时选取管道外防腐层点作为开挖点。

4）开挖点的选择及确定

根据上述原则，提出了管道内外直接评价开挖点方案。现场开挖时，结合现场开挖的具体条件，MR 线、MS 线共确定 17 个点进行开挖（见表 4 - 7、表 4 - 8），并按探坑内检测的不同腐蚀程度及状况，截取了 6 个坑的管段进行了腐蚀检测。

表 4 - 7 MR 线腐蚀直接评价开挖点布置表

段号	坑号	探坑中心点号/m	相对减薄量/%	埋深/m	探坑尺寸长×宽×深/m	备 注
3 段	1	12100	4.7	0	2×1.5×0.6	开挖并截取管段，参数测定点，地面段
	2	11310	4.7	1.25	2×1.5×1.9	因环境等原因未开挖，分析低分贝值时防腐层缺陷形貌
2 段	3	11296.4	3.7	1.17	2×1.5×1.8	因环境等原因未开挖
	4	11143.8	12.4	1.04	2×1.5×1.6	开挖并截取管段，防腐层破损点
	5	10275	15.2	1.18	4×1.5×1.8	开挖，检测结果误差较大，金属损失量有突变，无防腐层破损点，内腐蚀可能较严重
	6	10175	17.2	1.11	4×1.5×1.7	开挖，金属损失量有突变，无防腐层破损点，内腐蚀可能较严重
	7	9925	16.1	1.09	2×1.5×1.7	开挖，金属损失量有突变，无防腐层破损点，内腐蚀可能较严重
	8	9775	15.8	1.09	4×1.5×1.7	开挖并截取管段，金属损失量有突变，无防腐层破损点，内腐蚀可能较严重
	9	9375	13.6	1.01	4×1.5×1.6	开挖并截取管段，8 号开挖点的备用点
	10	9075	7.9	1.16	2×1.5×1.8	开挖

续表

段号	坑号	探坑中心点号/m	相对减薄量/%	埋深/m	探坑尺寸长×宽×深/m	备注
1段	11	7194.7	30.2	1.10	2×1.5×1.7	开挖，防腐层破损点，金属损失量最大
	12	5950	16.8	0.71	2×1.5×1.4	开挖并截取管段，前后测点壁厚值变化大
	13	5475	23.1	0.54	2×1.5×1.2	因环境等原因未开挖，11号开挖点的备用点
	14	4150	12.5	1.11	2×1.5×1.6	开挖并截取管段，参数测定点

表4-8　MS线腐蚀直接评价开挖点布置表

坑号	探坑中心点号/m	平均壁厚/mm	相对减薄量/%	埋深/m	探坑尺寸长×宽×深/m	备注
1	1250	4.24	8.5	0.76	2×1.5×1.8	开挖，腐蚀可能较严重，探坑尺寸2m×1.5m
2	1400	4.71	-1.9	0.85	2×1.5×1.8	开挖，参数测定基准点，腐蚀轻，探坑尺寸2m×1.5m
3	1496	4.06	12.3	0.68	2×1.5×1.8	开挖并截取管段，防腐层破损点，腐蚀可能很严重，探坑尺寸2m×1.5m

5. 直接开挖检测数据及分析

1）探坑中管道外防腐层检测及分析

（1）检测范围

经间接检测分析确定，MR线一共开挖11个探坑（2号、3号、13号坑因环境等原因未开挖），MS线一共开挖3个探坑，探坑具体位置及尺寸见表4-7和表4-8。在开挖后对所有探坑的外防腐层进行检测及分析。

（2）检测方法及标准

由于两条管线的外防腐层均为石油沥青防腐层，因此在探坑开挖后，对外防腐层的检测主要参照SY/T 0420—1997《埋地钢质管道石油沥青防腐层技术标准》等标准进行。具体检测步骤如下：

①探坑开挖后，去除管道表面浮土观察保温层外观，用皮尺测量保温层厚度并记录，然后用铁铲铲除保温层。

②观察管道外防腐层外观，测量其厚度、附着力和电火花检漏并记录相关数据。

③用汽油火烧的方法去除管道外防腐层，露出金属管体，清理干净后观察管体表面是否出现腐蚀并记录。

（3）检测数据及分析

MR线、MS线防腐保温层的结构为石油沥青（厚度为15~20mm）+聚氨酯泡沫保温层（厚度为40~50mm）。MR线探坑处防腐层检测统计情况见表4-9，从表中可见：

①除局部受开挖机械破坏外，管道保温层外观较好，呈黄色，MR线保温层有发酥老化的现象。

②石油沥青防腐层外观呈亮黑色，表面平整，无明显气泡、麻面、皱纹、凸瘤等缺陷。采用电火花检漏（检漏电压为35kV），除部分有渗漏水痕的位置外（如4号、8号和9号探坑中的管道外防腐层在6点钟的局部位置有水渗出），其他部位防腐层均无漏点。附着力检测结果均为合格。

③PCM地面防腐层检测结果（即是否存在防腐层破损点）与开挖检测结果基本吻合。

表4-9 间接检测确定探坑和开挖实际情况对照表

坑号	探坑中心点号/m	间接检测作出的判断	实际开挖情况
1	12100	开挖并截取管段。间接检测评价防腐层综合等级为一级	聚氨酯泡沫保温，沥青胶带防腐，外防腐层整体完好，外观平整，颜色较新，黏接力强。管内壁局部有较深的腐蚀坑
4	11143.8	开挖并截取管段。间接检测评价防腐层综合等级为一级，防腐层破损点	岩棉保温，探坑中心沥青防腐层环周破损缺失，其余部位外防腐层完好；清除防腐层，发现管道底部出现数个腐蚀穿孔
5	10275	开挖，检测结果误差较大，金属损失量有突变，无防腐层破损点，内腐蚀可能较严重。间接检测评价防腐层综合等级为一级	岩棉保温，沥青防腐，外观凸凹不平，黏接力强。清除防腐层，发现管段底部出现数个腐蚀穿孔
6	10175	开挖，金属损失量有突变，无防腐层破损点，内腐蚀可能较严重。间接检测评价防腐层综合等级为一级	岩棉保温，沥青防腐，外观凸凹不平，黏接力强，探坑北部（大号测点）有棕黄色粉末状腐蚀产物透出防腐层。清除防腐层，发现管段底部出现数个腐蚀穿孔
7	9925	开挖，金属损失量有突变，无防腐层破损点，内腐蚀可能较严重。间接检测评价防腐层综合等级为一级	岩棉保温，沥青防腐，外观较平整，黏接力强，探坑北部（大号测点）防腐层轻微破损。除穿孔外，外防腐层整体完好；管段底部出现数个腐蚀穿孔

续表

坑号	探坑中心点号/m	间接检测作出的判断	实际开挖情况
8	9775	开挖并截取管段，金属损失量有突变，无防腐层破损点，内腐蚀可能较严重。间接检测评价防腐层综合等级为一级	岩棉保温，沥青防腐，外观平整，颜色较新，黏接力强。除穿孔除外，外防腐层整体完好；管段底部出现数个腐蚀穿孔
9	9375	开挖并截取管段。间接检测评价防腐层综合等级为一级	岩棉保温，沥青防腐，外观凸凹不平，颜色暗淡，黏接力强，有棕黄色粉末状腐蚀产物透出防腐层。除穿孔除外，外防腐层整体完好；管段底部出现数个腐蚀穿孔
10	9075	开挖。间接检测评价防腐层综合等级为一级	岩棉保温，沥青防腐，外观较平整，颜色暗淡，黏接力强。除穿孔除外，外防腐层整体完好；管段底部出现数个腐蚀穿孔
11	7194.7	开挖，防腐层破损点，金属损失量最大，DCVG疑似活性点	岩棉保温，探坑中心沥青防腐层缺失，在管道顶部有一穿孔封堵处，周围防腐层出现破损
12	5950	开挖并截取管段，前后测点壁厚值变化大。间接检测评价防腐层综合等级为一级	岩棉保温，沥青防腐，外观较平整，颜色暗淡，黏接力强。外防腐层整体完好；局部有较深的腐蚀坑
14	4150	开挖并截取管段，参数测定点。间接检测评价防腐层综合等级为一级	岩棉保温，沥青防腐，外观较平整，颜色暗淡，黏接力强。外防腐层整体完好

（4）结论

通过对管道外保温层及防腐层的检测结果可以看出，MR线管道外防腐层和保温层基本完好，防腐层厚度和附着力均合格。部分金属管段的6点钟位置出现腐蚀穿孔，但此处外防腐层除渗漏点外未出现破坏；除11号探坑有防腐层破损及外腐蚀可能性外，其他穿孔可能是由内腐蚀引起的。

MS线的防腐层对管体的保护良好，管道无明显的外腐蚀现象出现。

2）探坑中管道内壁腐蚀检测及分析

（1）检测范围

对所有探坑进行了管道内壁腐蚀检测及分析，MR线一共开挖11个探坑，MS线一共开挖3个探坑，探坑具体位置及尺寸见表4-7和表4-8。在开挖并清理干净外防腐层后进行了管壁腐蚀检测。

（2）检测方法

探坑内的管壁腐蚀检测首先是寻找腐蚀最严重位置，然后进一步进行管道剩余壁厚的测试。对探坑中管道内壁腐蚀的检测主要采用了截面网格检测法及超声导波法筛选腐蚀最严重的位置。

截面网格检测方法：测点布置采用截面网格法选点，超声波测厚仪在测点上对管道剩余厚度进行测量。具体检测方法如下：

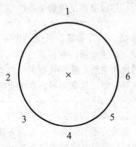

开挖完成并清除防腐层后，根据探坑管段腐蚀状况初步分析和评价要求布设超声波检测截面，截面间距一般为 300~600mm。本次试验每个探坑管段设置了 6 个检测截面，每个截面布设 6 个测点，每个探坑检测点为 36 个。测点位置如图 4-3 所示：即面向介质流动方向，从管顶（12 点钟方向）开始逆时针顺序布置 6 个测点，编号为 1 号~6 号，测点所处位置顺序为 12 点钟、9 点钟、7 点半、6 点钟、4 点半、3 点钟方向。

图 4-3　管壁截面超声波测厚点布置图

利用超声波测厚仪对每个截面上的 6 个点进行超声波测厚，筛选管壁厚度最薄处采用网格法进行管壁剩余厚度检测，轴向和周向各画多条（≥5mm）网格线，网格线间距 10mm。在每个交点测量壁厚。

（3）检测数据及结果

地面及探坑金属腐蚀检测对比见表 4-10。

表 4-10　地面及探坑金属腐蚀检测对比表

坑号	段号	探坑中心点号/m	TEM 检测相对减薄量/%	TEM 评价等级（开挖修正值）	探坑最深腐蚀坑剩余壁厚/mm	探坑最深腐蚀坑尺寸（轴向长度×周向长度）/mm	备 注
1	4 段	12100	11.78	严重	2.9	35×14	外壁无明显腐蚀坑
4		11143.8	21.14	严重	3.4	57×56	外壁无明显腐蚀坑
5		10275	23.71	严重	穿孔	—	外壁底部有渗漏
6		10175	25.71	严重	穿孔	—	外壁底部有渗漏
7	2 段	9925	24.57	严重	穿孔	—	外壁底部有渗漏
8		9775	24.14	严重	穿孔	—	外壁底部有渗漏
9		9375	22.14	严重	穿孔	—	外壁底部有渗漏
10		9075	17.00	严重	穿孔	—	外壁底部有渗漏

续表

坑号	段号	探坑中心点号/m	TEM 检测相对减薄量/%	TEM 评价等级（开挖修正值）	探坑最深腐蚀坑剩余壁厚/mm	探坑最深腐蚀坑尺寸（轴向长度×周向长度）/mm	备　注
11		7194.7	29.14	严重	穿孔	—	防腐层破损点
12	1段	5950	15.57	严重	3.0	30×16	外壁无明显腐蚀坑
14		4150	17.88	严重	2.6	43×59	外壁无明显腐蚀坑
15		1250	8.49	中	4.1	—	外壁无明显腐蚀坑
16	MS线	1400	0.00	轻	4.7	—	外壁无明显腐蚀坑
17		1496	12.35	严重	4.6	—	有一个盗油孔，外壁无明显腐蚀坑

从表4-10的检测数据可知：

MR 线腐蚀严重，腐蚀穿孔主要集中在第 2 段，多数探坑内管线已穿孔。第 1 段腐蚀穿孔较少，第 3 段腐蚀相对较轻。从探坑内检测可见外腐蚀并不严重，主要表现为内腐蚀。内腐蚀一般出现在 4 点半到 7 点半的位置，通过对测试数据的分析判断，腐蚀状况主要表现为大面积坑蚀及均匀腐蚀，检测的腐蚀坑深及尺寸数据有待开挖后进行对比分析。

MS 线的管道原始壁厚为 5mm，TEM 检测平均壁厚在 4.30 ~ 4.99mm 之间，开挖后的超声检测管道壁厚在 4.1 ~ 5.0mm 之间，腐蚀比较均匀，减薄不明显，除 17 号坑顶部有一个盗油卡子外，管线外壁腐蚀情况不严重。

现场操作证明，在寻找管段内腐蚀最严重部位方面，对局部腐蚀不严重部位，截面网格法在截面间距为 300 ~ 600mm 之间是能够满足确定腐蚀严重点的测试需要的，其操作简便可行。当然采用超声导波的捕捉能力更强且更快速准确。

从表4-10可见，通过 TEM 间接检测确定的腐蚀严重点与开挖后测试结果有较好的对应性，说明 TEM 作为地面筛选埋地管道腐蚀可能性严重点的间接检测手段是可行的。

3）原始壁厚的开挖确认及 ICDA 分段修正

为了保证金属损失量评价分级的准确性，需要对管道原始壁厚进行开挖确认。

考虑到 MR 线具有管道下部内腐蚀严重、管道顶部腐蚀轻微的特点，将各个分段的开挖超声检测的管顶平均壁厚作为原始壁厚的基准，具体数据见表 4-11。

表4-11　标称管壁厚度与实测管顶平均厚度对比表（2009年）

管线	间接检测分段段号	直接检测段号	管径/mm	收集壁厚/mm	实测管顶壁厚平均值/mm	确认的原始壁厚/mm
MR线	1段 (3610~8579m)	1段 (3610~8579m)	219	7.0	7.1	7.0
	2段 8600~11310m)	2段 (8600~11310m)	219	6.0	6.3	7.0
	3段 (11325~12340m)	3段 (11325~11432m)	219	7.0	—	7.0
		4段 (11432~12340m)	219	7.0	8.6	9.0
MS线	1段 (700~1850m)	1段 (700~1850m)	114	5.0	4.7	5.0

注：11325~11432m管段不能开挖，但从TEM检测数据推测该管段的规格为ϕ219×7mm。

从表4-11可见，收集壁厚与实测情况不一致，因此按实测数据对原始壁厚进行了确认，并按确认后的原始壁厚对ICDA分段进行了修正。

4）间接检测（TEM）评价结果的修正

（1）目的及方法

根据探坑开挖的壁厚检测评价结果，需对TEM地面检测评价结果进行修正，采用修正的结果重新进行间接检测（TEM）数据的评价。

根据截面网格法实测管道壁厚平均值，从而取得管道电磁参数值，利用该推算值计算TEM检测的最终值。TEM测得的管壁平均厚度沿线变化情况如图4-4（MR线）和图4-5（MS线）所示。

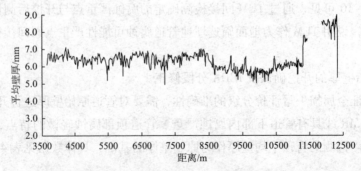

图4-4　MR线3655~12340m段TEM检测管壁平均厚度沿线变化图

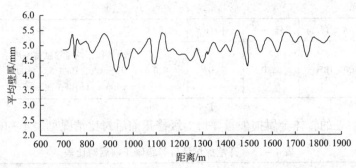

图 4 – 5　MS 线 700～1850m 段 TEM 检测管壁平均厚度沿线变化图

（2）TEM 检测数据分析及结论

对比上述图表可看出，利用电磁参数测算点数据反演计算的 MR 线管壁平均厚度沿线变化情况与 2008 年 10 月凭经验根据理论计算的相似，其分段位置与该管道实际更换位置一致；MS 线管壁平均厚度利用电磁参数测算点数据反演计算的结果与理论计算结果大致相同，仅存在系统偏差。

（3）间接评价结果的修正

在对 TEM 检测数据进行修正的基础上，根据 SY/T 0087.2《钢质管道及储罐腐蚀评价标准　埋地钢质管道内腐蚀直接评价》中表 5.3.1 "管体金属损失量评价分级表" 的规定进行了间接检测评价结果的修正。各 ICDA 管段的管体金属损失量评价结果见表 4 – 12。

表 4 – 12　MR 线、MS 线管体金属损失量评价结果（2009 年）

管线	ICDA 管段/m	轻/%	中/%	严重/%	备　注
MR 线	3655～8579	26.1	50.9	23.0	其中 4500～5100m 段、5300～5525m 段、6025～6200m 段、6950～7275m 段是平均壁厚减薄率大的部位
	8600～11310	0	5.9	94.1	其中 9456～9525m 段、9675～9850m 段、10200～10275m 段是平均壁厚减薄率大的管段
	11325～11432	64.3	35.7	0.0	该段长 115.6m，但其壁厚与前后管段有显著不同，内腐蚀不严重，平均壁厚减薄率无超过 10% 者
	11432～12340	37.3	47.1	15.6	其中 12150～12154.4m 段、12250～12258.3m 段平均壁厚减薄率大。12331.3～12340m 段情况比较特殊，有待查实

管线	ICDA 管段/m	轻/%	中/%	严重/%	备 注
MS 线	700～1850	85.0	7.0	8.0	该段平均壁厚减薄不严重，但 925m 点、975m 点、1084.5～1100m 段、1450m 点、1496m 点仍需关注

开挖探坑处的管体金属损失量评价等级修正前后对比情况见表 4-13。

表 4-13　开挖探坑评价等级修正前后对比表

坑号	探坑中心点号/m	修正前			修正后		
		平均壁厚/mm	平均壁厚减薄率/%	评价等级	平均壁厚/mm	平均壁厚减薄率/%	评价等级
1	12100	7.84	-3.7	轻	8.20	8.9	中
4	11143.8	6.66	11.9	严重	5.52	21.1	严重
5	10275	6.61	9.2	中	5.34	23.7	严重
6	10175	6.36	8.3	中	5.20	25.7	严重
7	9925	6.44	7.2	中	5.28	24.6	严重
8	9775	6.46	6.9	中	5.31	24.1	严重
9	9375	6.59	5.0	中	5.45	22.1	严重
10	9075	6.9	0.6	轻	5.81	17.0	严重
11	7194.7	6.5	13.7	严重	4.96	29.1	严重
12	5950	7.15	5.2	中	5.91	15.6	严重
13	5475	7.06	6.4	中	5.46	22.0	严重
14	4150	7.59	-0.7	轻	6.57	6.1	中
15	1250	4.24	8.5	中	4.48	8.5	中
16	1400	4.71	-1.9	轻	4.99	-1.9	轻
17	1496	4.06	12.3	严重	4.30	12.3	严重

从表 4-12 可得出结论：

①MR 线评价等级为"中"的有 144 个点，评价等级为"严重"的有 281 个点。

②从评价等级为"中"和"严重"点的分布看，第 2 段最为密集。

从表 4-13 可看出：

①MR 线探坑修正前后评价等级变动较大，说明收集的壁厚资料与实际壁厚之间相差大。

②MS 线探坑修正前后评价等级无变动，说明收集的壁厚资料与实际相符。

6. 腐蚀管道的安全评价

从对华北油田 MR 线、MS 线埋地钢质管道探坑内金属腐蚀直接检测结果看（见

表4-10），17个探坑中有8个探坑管线出现了管壁穿孔。根据SY/T 0087.2《钢质管道及储罐腐蚀评价标准 埋地钢质管道内腐蚀直接评价标准》中表8.2.1"金属腐蚀程度评价指标"以及管道剩余强度评价方法的规定，穿孔管段腐蚀程度属严重级，需马上更换。因此对穿孔管段不进行进一步的管道剩余强度评价。本次管道剩余强度评价选择了MR线的3处未穿孔的开挖检测管段，即1号、4号、14号管段的最严重的腐蚀点进行管道剩余强度评价，并采用了DNV RP F101（SY/T 10048）、SY/T 6151及API 579等三个国内外主要评价方法及软件进行评价。分析上述管段安全运行的可能性，在一定程度上说明了不同评价方法的特点。

1）评价结果及评价方法分析

从华北油田MR线的开挖、检测、评价结果可见：

（1）现场开挖出现管壁穿孔的管段，评价等级为严重并需立即维修更换，如5号~11号坑。

（2）对本次MR线三处未穿孔的代表性管段（1号、4号、14号管段），采用不同评价方法（DNV RP F101、SY/T 6151、SY/T 0087.1、API 579）进行管道剩余强度评价的结果（见表4-14）说明上述三个管段在目前运行工况下可继续运行；同时再评价时间均不长（0.33~1.6年），需加强监测、计划维修或更换。

表4-14　MR线代表性点管道剩余强度评价结果表　　　　　MPa

坑号	DNV RP F101		SY/T 6151	SY/T 0087.1	API 579
	可承受压力	安全运行压力			
1	≤22.75，通过	≤19.19，通过，建议计划更换	可承受压力≤7，二类腐蚀，加强监测，计划维修	Ⅱ级，可继续使用，需加强监控	运行压力≤3.6压力以下可继续运行，需监测使用
4	≤16.55，通过	≤13.98，通过，建议计划更换	可承受压力≤7.6，二类腐蚀，加强监测，计划维修	Ⅱ级，可继续使用，需加强监控	运行压力≤3.75以下可继续运行，需监测使用
14	≤16.19，通过	≤13.68，通过，建议计划更换	可承受压力≤5.8，二类腐蚀，加强监测，计划维修	Ⅱ级，可继续使用，需加强监控	运行压力≤3.3以下可继续运行，需监测使用

SY/T 6151、SY/T 0087.1、DNV RP F101、API 579等评价方法是目前国内外主要的管道剩余强度评价方法及软件，从表4-14可见上述评价方法的评价结果具有较好的趋同性。

由于保险程度等参数取值有所不同（如 API 579），上述评价方法及软件的评价程度会有所不同。

2）间接检测分级准则验证

根据开挖探坑管段最深腐蚀坑的剩余壁厚的测试数据（截面网格法），并按 SY/T 0087.1 中金属腐蚀性评价要求进行评价，与 TEM 检测及评价数据进行对比（见表 4－15），可见：

（1）TEM 的评价结果与探坑管段的金属腐蚀性评价结果基本吻合，说明 TEM 检测及评价的准确性较高。

（2）TEM 的评价等级与现场管壁腐蚀实测后金属腐蚀性评价等级吻合性较好，即管壁腐蚀程度大于 50% 壁厚处 TEM 也评价为严重，说明目前 TEM 的评价分级准则是可行的。

表 4－15　地面及探坑金属腐蚀检测对比表

坑号	段号	探坑中心点号/m	管道原壁厚/mm	TEM 检测相对减薄量/%	TEM 评价等级（修正值）	最深腐蚀坑实测壁厚/mm	金属腐蚀性评价（SY/T 0087.1）	最深腐蚀坑尺寸（轴长×周长）/mm	备注
1	4 段	12100	9.0	11.78	严重	2.9	严重	35×14	外壁无明显腐蚀坑
4		11143.8	7.0	21.14	严重	3.4	严重	57×56	外壁无明显腐蚀坑
5		10275	7.0	23.71	严重	穿孔	穿孔	—	外壁底部有渗漏
6		10175	7.0	25.71	严重	穿孔	穿孔	—	外壁底部有渗漏
7	2 段	9925	7.0	24.57	严重	穿孔	穿孔	—	外壁底部有渗漏
8		9775	7.0	24.14	严重	穿孔	穿孔	—	外壁底部有渗漏
9		9375	7.0	22.14	严重	穿孔	穿孔	—	外壁底部有渗漏
10		9075	7.0	17.00	严重	穿孔	穿孔	—	外壁底部有渗漏

续表

坑号	段号	探坑中心点号/m	管道原壁厚/mm	TEM检测相对减薄量/%	TEM评价等级（修正值）	最深腐蚀坑实测壁厚/mm	金属腐蚀性评价（SY/T 0087.1）	最深腐蚀坑尺寸（轴长×周长）/mm	备　注
11	1段	7194.7	7.0	29.14	严重	穿孔	穿孔	—	防腐层破损点
12		5950	7.0	15.57	严重	3.0	严重	30×16	外壁无明显腐蚀坑
14		4150	7.0	17.88	严重	2.6	严重	43×59	外壁无明显腐蚀坑
15	MS线	1250	5.0	8.49	中	4.1	轻	—	外壁无明显腐蚀坑
16		1400	5.0	0.00	轻	4.7	轻	—	外壁无明显腐蚀坑
17		1496	5.0	12.35	严重	4.6	严重	—	有一盗油孔，外壁无明显腐蚀坑

7. 结论及建议

从上述检测及评价结果看，MR线内腐蚀比较严重（主要发生在管道底部）、外腐蚀较轻，该管线腐蚀危害主要是由管道内腐蚀造成的，不受管道外腐蚀的控制；MS线检测段内外腐蚀均不严重。

从MR线输送介质及介质腐蚀性分析看，管输介质腐蚀性强，是造成MR线内腐蚀的主要原因，该介质腐蚀的主要特点是含有腐蚀性气体（H_2S和CO_2），含有很高的硫酸盐还原菌（SRB），同时由于管内介质流速低造成管线底部沉积物堆积，管线运行温度较高（60℃，距MY站近处温度会相对更高一些），也加速了腐蚀。MS线由于介质腐蚀性不强（pH值大于7），MS站检测出介质有结垢倾向，经探坑及截开管段检测证明MS线的内外腐蚀不严重，管线的结垢并不明显。

现场检测证明两条管线所处土壤的腐蚀性不强，管道沥青保温层施工质量较好，保护作用较好，管道外壁腐蚀不严重。

经MR线现场开挖直接检测证明，MR线内腐蚀严重，腐蚀穿孔主要集中在第2段，多数探坑管线已穿孔。1段腐蚀穿孔较少，距MY站近的3段、4段腐蚀相对较轻。从探坑管段检测结果可见外腐蚀并不严重，主要表现为内腐蚀。截开管段可见内腐蚀一般出现在管底部4点半钟到7点半钟的位置，腐蚀状况表现为大面积坑蚀，这与探坑管外壁检测内腐蚀数据基本吻合。

造成 MR 线腐蚀的原因除了与介质、土壤腐蚀性、介质流速等因素有关外，与管线更换年限及管壁厚也有关，3 段、4 段腐蚀相对较轻是由于在 2004 年该段进行了更换，1 段在 2000 年进行了更换并且运行温度相对低些。

本次现场检测预评价中的针对 MR 线及 MS 线具体情况的 ICDA 分段，按 SY/T 0087.2 提出的程序，经间接检测及评价的修正、直接检测的修正，使 ICDA 分段更加准确，现场应用证明 ICDA 分段无论是在基于风险的检测及评价方面还是指导维护更换方面均起到了重要作用。

管道探坑直接检测数据与 TEM 地面间接测试数据验证表明：TEM 检测及评价结果与开挖结果有较好的对应性，TEM 评价结果需经直接检测修正。TEM 地面间接检测及评价技术能够较好地反映埋地管线的腐蚀状况，该技术作为地面初步筛选埋地管道腐蚀严重部位的方法具有操作方便、简单易行的特点，是 ICDA 间接检测的主要检测手段。

本次现场试验对 MR 线三处未穿孔的代表性管段（1 号、4 号、14 号管段），采用不同评价方法（DNV RP F101、SY/T 6151、SY/T 0087.1、API 579）进行管道剩余强度评价，评价结果为三个管段在目前运行工况下可继续运行，但需加强监测、计划维修或更换。

上述评价方法是目前国内外主要的管道剩余强度评价方法及软件，从表 4 - 14 可见上述评价方法的评价结果具有较好的趋同性。但由于保险程度等参数取值有所不同（如 API 579），上述评价方法及软件的评价结果会有所不同。今后需进一步开展评价软件等方面的研究。

本次现场试验证明"埋地钢质管道内腐蚀直接评价方法"，即预评价、间接评价、直接评价等检测及评价程序是可行的，能够通过检测评价识别正在和将要发生的腐蚀部位、腐蚀程度以及对管道运行的影响，最终提出维护建议，达到不断改进防腐运行管理的目的。

由于 MR 线腐蚀较严重，对主要发生腐蚀穿孔的管段（主要为第 2 段）应马上更换管线，对其他段在目前工况下，由于再评价时间均不长（0.33 ~ 1.6 年），宜定期监测、计划维修或更换。

MS 线检测段由于腐蚀并不严重，可继续运行。

4.1.2 管体缺陷瞬变电磁法检测案例

全覆盖 TEM 检测技术与常规瞬变电磁检测技术的不同在于采用了移动式连续采

集手段，覆盖整个管段进行检测。本案例为 2018 年 6 月在西北油田 12 – 12 至 12 – 4 计转站原油外输管线、TH12173 单井管线、AT 一站外输气管线上的实际检测情况。本案例检测的目标为局部腐蚀缺陷及较大的点蚀孔蚀，对检测精度有很高的要求，通过适当的检测方案保证数据采集质量、压制电磁干扰，获得了良好的效果。

1. 检测工作概述

本次检测工作依据的标准有 CJJ 61—2017《城市地下管线探测技术规程》和 SY/T 0087.2—2012《钢质管道及储罐腐蚀评价标准 埋地钢质管道内腐蚀直接评价》等。

首先进行管线探测，然后进行管体瞬变电磁检测。

管道壁厚瞬变电磁检测方法是一种金属管道腐蚀检测、无损检测方法。如果检测点距足够密（≤1m），信号覆盖整个被检管段，就可检测金属腐蚀以及制管、机械、焊接、应力变形等全方位管体隐患，大大降低了漏检率，检测效果更为突出。

1）检测流程：

（1）根据现场情况，确定本次检测为全覆盖检测，测点间距为 0.5m。

（2）使用管道定位及其相关方法，确定管道中心位置及中心埋深。

（3）使用电缆将传感器发射回线与数据采集器发射端连接，将接收回线与数据采集器接收端连接，打开数据采集器发射部分和接收部分电源开关。

（4）开启控制用电脑，运行控制程序，与数据采集器建立蓝牙配对，设置管道参数、传感器参数、发射频率，调整发射电流。

（5）将传感器放置在测点处管道正上方，启动发射机发出双极性激励方波，并且在每一个断电期间通过接收机自动记录下随时间变化的二次磁场衰变曲线，即瞬变响应曲线（该曲线表示二次磁场穿过传感器接收回线中的磁通量随时间变化，从而在接收回线中所激励产生的感应电动势），一直持续到该测点数据采集完毕。

（6）当前测点检测完毕后，根据拟定的测点间距计划，将传感器移动到下一测点继续数据采集工作。

（7）每种规格的管段应有至少一处已知管道壁厚的标定点，如业主不能提供标定点，可使用高精度超声波测厚仪实测，或使用设计值，待取得标定数据后校正。

（8）数据处理时首先对所有数据进行初步整理，剔除掉不合格测点，然后设置管道参数、选择评价参量（确定评价时窗），与标定点对比计算，得出各检测点管壁平均厚度和缺陷异常指数，从而形成整条管道管体变化分布结果，给出更换、维修建议。

2）分级指标

管体壁厚损失率分级指标如表 4 – 16 所示。

表 4 – 16   管体金属损失率评价分级

轻	中	严重
平均管壁减薄率 <5%	平均管壁减薄率为 5% ~10%	平均管壁减薄率 >10%

管体缺陷分级指标如表 4 – 17 所示。

表 4 – 17   管体缺陷评价分级

轻（1 类）	中（2 类）	严重（3 类）
异常指数 >0.55	异常指数为 0.2 ~0.55	异常指数 <0.2

2. 预评价

需要被检测管道的资料比较简单，管线由几种不同性质的较短管道组成，不需要再进行检测分段。可以采用瞬变电磁法检测，被检测管道工作量见表 4 – 18。

表 4 – 18   被检测管道工作量一览表

序号	管道名称	长度/m	外径/壁厚/mm	投产时间	输送介质	运行压力/MPa
1	原油外输管线	2000	323.9/7.1	2010.6	油	2.4
2	单井管线	539	108/5	2013.8	油	0.6
3	外输气管线	200	273/7	2007.10	气	0.6

3. 间接检测

1）原油外输管线

原油外输管线共检测两段，A 段以 B22 桩编号 1000，向计转站方向按距离递减，反之增加，检测点号从 750 至 1750，长度 1000m（见图 4 – 6）。

B 段以 B26 桩编号 1000，向计转站方向按距离递减，反之增加，检测点号从 550 至 1550，长度 1000m（见图 4 – 7）。

图 4 – 6   原油外输管线 A 段管道检测距离方向示意图

图 4 – 7   原油外输管线 B 段管道检测距离方向示意图

原油外输管线 A 段检测数据如图 4 − 8 所示。

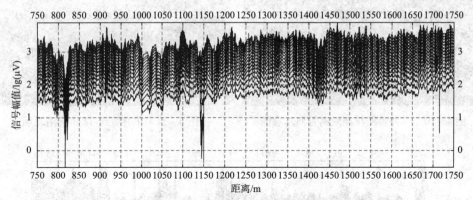

图 4 − 8 原油外输管线 A 段 TEM 检测数据波形图

原油外输管线 B 段检测数据如图 4 − 9 所示。

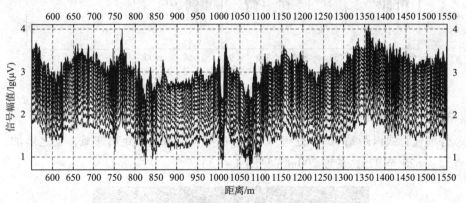

图 4 − 9 原油外输管线 B 段 TEM 检测数据波形图

本次检测尚未取得标定数据，检测壁厚是使用采集数据为参考，按标称规格计算得出。两段共布设 3972 个测点，21 个测点金属损失等级评价为"中"，管体腐蚀较轻。

2）单井管线

单井管线以漏油修补处编号 1000，向井场方向按距离递减，反之增加，检测点号从 636 至 1175，长度 539m（见图 4 − 10）。

单井管线检测现场如图 4 − 11 所示，检测数据如图 4 − 12 所示。

本次检测尚未取得标定数据，检测壁厚是使用采集数据为参考，按标称规格计算得出。该段共布设 1027 个测点，46 个测点金属损失等级评价为"中"，2 个测点金属损失等级评价为"严重"，中和严重点集中分布在 857 ~ 875m 段。总体来看该段管道管体腐蚀为中。

图 4 - 10　单井管线检测距离方向示意图　　　　图 4 - 11　单井管线 TEM 检测现场

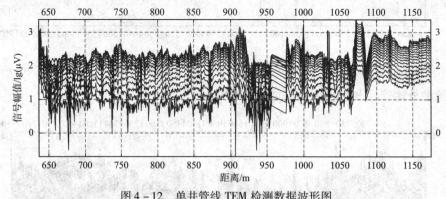

图 4 - 12　单井管线 TEM 检测数据波形图

3）外输气管线

外输气管线以距站 800m 处编号 800，向集气站方向按距离递减，反之增加，检测点号从 625 至 975，长度 200m（见图 4 - 13）。

图 4 - 13　外输气管线检测距离方向示意图（右侧为北）

外输气管线检测数据如图 4 - 14 所示。

从检测结果看：该段共布设 400 个测点，2 个测点金属损失等级评价为"中"，管体腐蚀轻微。

4. 直接检测

直接检测的目的是结合间接检测与评价结果，确定管道内腐蚀发生较严重的点，检测腐蚀状况，进行管体剩余强度评价。其基本步骤为：

（1）确定开挖数量及顺序；

（2）开挖检测；

（3）腐蚀管道剩余强度评价；

（4）间接评价分级准则的修正。

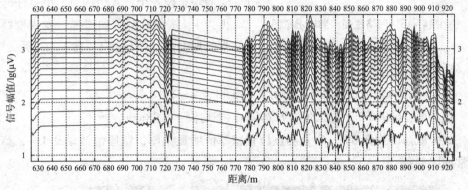

图4-14　外输气管线 TEM 检测数据波形图

1）开挖选点

按照 SY/T 0087.2—2012《钢质管道及储罐腐蚀评价标准 埋地钢质管道内腐蚀直接评价》的要求，对于每个 ICDA 管段，间接检测评价得出"严重"的点，应选择 1~2 个点进行开挖；间接检测评价得出"中"的点，应至少选择 1 个点进行开挖检测；间接检测评价得出"轻"的点，可选择 1 个点进行开挖检测。如果开挖检测的管道最大腐蚀深度大于 50% 壁厚，应至少追加 1 个开挖点。具体的开挖选点见表4-19。

表4-19　开挖选点一览表

序号	所属管段	开挖点编号	平均壁厚减薄率/%	金属损失评价等级	缺陷评价等级
1	原油外输管线	A780	5.7	中	3
2	原油外输管线	A1498.5	4.4	轻	1
3	原油外输管线	B1077	5.9	中	3
4	单井管线	832.5	5.1	中	1
5	单井管线	862.5	13.5	重	3
6	单井管线	874.5	6.7	中	3
7	外输气管线	874	7.3	中	3
8	外输气管线	882	6.3	中	3

2）测试方法

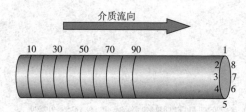

图 4-15 网格法超声测厚示意图

按照 SY/T 0087.2—2012《钢质管道及储罐腐蚀评价标准 埋地钢质管道内腐蚀直接评价》中附录 E 网格法的要求，轴向每隔 10cm 布设一个截面，每个截面周向均匀布设 8 个或 4 个测点，测点序号管顶为 1，按顺时针方向增加，发现壁厚异常时加密测量，如图 4-15 所示。

3）直接检测结果

（1）原油外输管线 A780（见图 4-16 和表 4-20）

最小值：6.90mm；最大值：7.70mm；平均值：7.08mm。

最大减薄率为 2.8%，2 号测点位置壁厚值明显偏厚，壁厚值波动 9.1%，产生异常原因待查。

图 4-16 原油外输管线 A780 检测现场

表 4-20 油外输管线 A780 网格法超声测厚表

mm

周向 轴向	1	2	3	4	5	6	7	8
10	7.00	7.28	7.03	7.05	7.07	7.12	6.95	7.01
20	7.00	7.00	7.03	7.07	7.07	7.14	6.90	6.98
30	7.03	7.03	6.98	7.05	7.07	7.12	6.97	6.97
40	7.00	7.28	6.99	7.03	7.05	7.14	6.96	6.99
50	7.00	7.16	6.96	7.03	7.07	7.13	6.97	6.99
60	7.02	7.11	6.99	7.00	7.07	7.11	6.92	7.02
70	7.03	7.08	6.99	7.03	7.10	7.14	6.96	7.01
80	7.00	7.14	6.99	7.01	7.08	7.14	6.93	7.04

续表

周向 轴向	1	2	3	4	5	6	7	8
90	6.96	7.07	7.01	7.03	7.07	7.10	6.96	7.03
100	6.99	7.18	7.01	6.97	7.15	7.10	6.92	7.10
110	6.99	7.28	7.03	7.03	7.13	7.15	6.96	7.06
120	6.97	7.28	7.03	7.03	7.11	7.05	6.96	7.05
130	7.03	7.70	7.03	7.05	7.17	7.14	7.00	7.06
140	7.01	7.45	7.07	7.04	7.12	7.17	7.00	7.03
150	7.00	7.46	7.06	7.01	7.12	7.15	6.96	7.03
160	7.01	7.43	7.04	7.01	7.10	7.14	7.00	7.01
170	6.99	7.27	7.01	7.01	7.10	7.14	6.98	7.01
180	6.99	7.51	7.01	7.05	7.11	7.18	7.01	6.96
190	6.98	7.26	7.04	7.03	7.13	7.18	6.98	7.00
200	7.00	7.59	7.06	7.03	7.15	7.23	6.97	7.00
210	6.98	7.38	7.03	7.03	7.17	7.17	6.96	7.00
220	6.99	7.56	7.04	7.06	7.14	7.17	7.00	6.96
230	7.02	7.50	7.05	7.05	7.14	7.13	6.97	6.94
240	6.96	7.59	7.04	7.00	7.13	7.11	6.99	6.96
250	7.01	7.66	7.04	7.00	7.13	7.18	6.94	6.95

（2）原油外输管线 A1498.5（见图 4-17 和表 4-21）

最小值：6.87mm；最大值：7.67mm；平均值：7.06mm。

最大减薄率为 3.2%，3 号测点位置壁厚值明显偏厚，壁厚值波动 9.1%，产生异常原因待查。

图 4-17　原油外输管线 A1498.5 检测现场

表 4 -21　原油外输管线 **A1498.5** 网格法超声测厚表　　　　　　　mm

轴向＼周向	1	2	3	4	5	6	7	8
10	6.95	7.00	7.26	6.98	6.90	7.14	7.11	6.97
20	6.93	6.97	7.57	7.06	7.07	7.13	7.13	6.94
30	6.93	6.97	7.42	7.03	7.04	6.99	7.10	6.96
40	6.92	6.94	7.60	7.02	7.03	7.09	7.12	6.96
50	6.93	6.97	7.61	7.03	7.03	7.10	6.99	6.89
60	6.94	6.96	7.40	7.01	7.04	7.11	7.05	6.92
70	6.96	6.96	7.43	7.02	7.03	7.14	7.14	6.98
80	6.96	6.97	7.40	7.00	7.03	7.13	7.14	6.96
90	6.94	6.99	7.15	7.03	7.03	7.14	7.15	6.97
100	6.93	6.97	7.43	7.03	7.04	7.09	7.16	7.00
110	6.87	7.00	7.21	7.03	7.04	7.12	7.15	7.00
120	6.93	7.00	7.29	7.03	7.01	7.11	7.10	6.99
130	6.95	6.97	7.28	7.01	7.01	7.13	7.10	6.99
140	6.92	6.98	7.43	6.99	7.03	7.10	7.10	6.96
150	6.88	6.99	7.67	7.03	7.03	7.13	7.14	6.96
160	6.97	6.96	7.44	6.99	7.03	7.03	7.14	6.98
170	6.94	7.00	7.32	7.03	7.00	7.10	7.14	6.98
180	6.91	7.02	7.44	7.04	7.03	7.12	7.15	6.98
190	7.00	6.99	7.44	7.04	7.06	7.10	7.15	6.98
200	7.00	6.97	7.40	7.03	7.04	7.14	7.13	6.99
210	6.96	6.97	7.21	7.03	7.03	7.11	7.08	6.93
220	6.96	7.00	7.32	7.03	7.04	7.10	7.10	6.96
230	7.00	7.01	7.43	7.03	7.04	7.11	7.00	6.98
240	6.97	7.00	7.30	7.03	7.04	7.14	7.06	6.96
250	7.00	7.00	7.35	7.00	7.03	7.09	7.03	6.99
260	6.96	7.03	7.13	7.00	7.03	7.10	7.01	6.97
270	6.99	6.89	7.03	7.03	7.06	7.14	7.04	6.98
280	6.95	6.96	7.03	7.00	7.03	7.14	7.01	6.96

（3）原油外输管线 B1077（见图 4-18 和表 4-22）

最小值：6.82mm；最大值：7.28mm；平均值：7.06mm。

3 号测点位置（管侧）壁厚值明显偏厚。

在 30~40cm 处 5 号测点（管底）位置发现 5cm 长低值区，壁厚值在 6.68~6.77mm 之间。

在 210cm 处 5 号测点位置发现管体轻微损伤，最小壁厚值为 6.10mm。

图 4-18 原油外输管线 B1077 检测现场

表 4-22 原油外输管线 B1077 网格法超声测厚表   mm

轴向 ＼ 周向	1	2	3	4	5	6	7	8
10	7.05	7.04	7.16	7.07	6.96	7.09	7.02	6.97
20	7.00	7.03	7.17	7.10	6.96	7.07	7.00	6.99
30	7.03	7.06	7.21	7.07	6.82	7.02	7.06	6.97
40	7.01	7.03	7.14	7.05	6.99	7.06	6.99	7.01
50	7.07	7.06	7.20	7.06	7.04	7.04	7.00	7.00
60	7.06	7.08	7.21	7.03	7.03	7.03	7.06	7.00
70	7.07	7.04	7.22	7.06	7.03	7.06	7.00	7.00
80	7.07	7.07	7.22	7.03	7.06	7.10	7.00	7.01
90	7.04	7.07	7.28	7.10	7.02	7.00	7.04	7.04
100	7.05	7.06	7.26	7.10	7.00	7.04	7.05	7.06
110	7.03	7.07	7.21	7.08	6.94	7.03	7.09	7.03
120	7.06	7.10	7.21	7.08	6.96	7.06	7.14	7.03

续表

轴向 \ 周向	1	2	3	4	5	6	7	8
130	7.04	7.00	7.23	7.10	7.02	7.06	7.13	7.03
140	7.02	7.01	7.20	7.11	7.03	7.07	7.14	6.97
150	7.02	7.09	7.20	7.12	7.01	7.07	7.14	6.99
160	7.05	7.10	7.18	7.04	7.03	6.99	7.13	6.94
170	7.03	7.07	7.22	7.08	7.05	7.07	7.13	6.99
180	7.06	7.07	7.21	7.04	7.01	7.07	7.14	7.04
190	7.04	7.04	7.18	7.10	7.00	7.06	7.21	7.00
200	7.06	7.06	7.18	7.04	6.97	7.09	7.03	7.01
210	7.00	7.00	7.20	7.07	7.03	7.00	7.15	7.03
220	7.03	7.03	7.21	7.09	7.00	7.03	7.19	6.96
230	7.07	7.07	7.18	7.07	7.00	7.06	7.07	7.01
240	7.07	7.07	7.25	7.07	7.00	7.00	7.09	7.03
250	7.07	7.07	7.21	7.07	7.06	7.05	7.03	7.00
260	7.07	7.07	7.24	7.08	7.06	7.07	7.02	7.01

（4）单井管线 832.5（见图 4 - 19 和表 4 - 23）

最小值：4.57mm；最大值：5.12mm；平均值：4.91mm。

最大减薄率为 8.6%，管顶和管底壁厚值偏低。

图 4 - 19　单井管线 832.5 检测现场

表4-23　单井管线832.5网格法超声测厚表　　　　　　　　　　　　　　mm

轴向 ＼ 周向	1	2	3	4
10	4.74	5.02	4.78	5.00
20	4.71	5.01	4.82	5.02
30	4.67	5.04	4.83	4.96
40	4.67	5.05	4.81	4.98
50	4.57	5.03	4.81	5.00
60	4.66	5.07	4.91	5.01
70	4.64	5.03	4.85	5.01
80	4.67	5.02	4.83	5.05
90	4.71	5.05	4.83	5.04
100	4.71	5.05	5.00	5.05
110	4.59	5.07	5.01	5.05
120	4.64	5.04	4.89	5.07
130	4.64	4.98	5.04	4.98
140	4.68	5.07	4.90	4.98
150	4.61	5.04	4.93	5.04
160	4.72	5.06	4.91	5.06
170	4.68	5.03	5.01	5.01
180	4.79	5.05	4.97	4.99
190	4.71	5.12	4.99	5.05
200	4.74	5.05	4.92	5.04
210	4.74	5.03	4.97	4.96
220	4.79	5.05	4.93	4.90
230	4.78	5.04	4.86	4.97

（5）单井管线862.5（见图4-20和表4-24）

最小值：4.56mm；最大值：5.18mm；平均值：4.85mm。

管侧和管底壁厚值偏低，在288cm处管底发现一处蚀坑，壁厚值为2.85mm。

图 4 - 20　单井管线 862.5 检测现场

表 4 - 24　单井管线 862.5 网格法超声测厚表　　　　　　　　　　　　　　mm

轴向 \ 周向	1	2	3	4
10	5.00	4.56	4.97	4.70
20	4.93	4.64	4.86	4.67
30	5.08	4.67	4.86	4.70
40	5.06	4.65	4.84	4.70
50	5.04	4.57	4.87	4.74
60	5.09	4.64	4.89	4.71
70	5.05	4.72	4.94	4.71
80	5.04	4.71	5.01	4.74
90	5.11	4.71	4.86	4.78
100	4.81	4.68	4.89	4.82
110	5.11	4.68	4.86	4.83
120	5.18	4.71	4.95	4.83
130	5.08	4.78	4.97	4.82
140	5.12	4.81	4.86	4.82
150	5.11	4.71	4.86	4.80
160	5.06	4.71	4.95	4.82
170	5.14	4.70	4.91	4.86
180	5.08	4.79	4.86	4.79
190	5.08	4.79	4.93	4.75

续表

周向 轴向	1	2	3	4
200	5.08	4.75	4.78	4.72
210	5.09	4.64	4.86	4.75
220	5.03	4.67	4.80	4.72
230	5.04	4.70	4.85	4.72
240	5.07	4.68	4.96	4.76
250	5.00	4.78	4.83	4.68
260	5.00	4.79	4.93	4.76
270	5.06	4.68	4.83	4.71
280	5.04	4.68	4.83	4.75
290	5.00	4.75	4.96	4.75
300	5.00	4.79	4.86	4.68
310	5.08	4.79	4.87	4.75
320	5.04	4.75	4.90	4.73
330	5.11	4.82	4.93	4.77
340	5.02	4.85	4.91	4.81
350	4.90	4.83	4.92	4.75
360	4.86	4.81	4.97	4.77

（6）单井管线874.5（见图4-21和表4-25）

最小值：4.67mm；最大值：5.18mm；平均值：4.91mm。

最大减薄率为6.6%，管顶和管底壁厚值偏低。

图4-21 单井管线874.5检测现场

表 4 – 25　单井管线 874.5 网格法超声测厚表　　　　　　mm

轴向＼周向	1	2	3	4
10	4.78	5.03	4.83	4.90
20	4.78	4.97	4.71	5.00
30	4.75	4.96	4.79	5.01
40	4.75	5.04	4.85	5.01
50	4.79	4.99	4.78	5.03
60	4.71	5.01	4.87	4.97
70	4.76	4.90	4.87	5.04
80	4.75	4.97	4.82	5.03
90	4.75	4.94	4.90	5.02
100	4.71	5.02	4.87	5.04
110	4.74	5.01	4.93	5.04
120	4.72	5.04	4.92	5.04
130	4.71	4.97	4.90	5.12
140	4.71	4.98	4.94	5.05
150	4.71	4.98	4.83	5.08
160	4.71	4.97	4.82	5.08
170	4.67	4.97	4.90	5.05
180	4.75	5.00	4.86	5.04
190	4.68	5.01	4.85	5.18
200	4.68	5.04	4.85	5.15
210	4.68	5.03	4.82	5.04
220	4.73	5.02	4.82	5.01
230	4.69	5.05	4.89	4.96
240	4.71	5.01	4.91	4.94
250	4.75	5.15	4.89	4.93
260	4.74	5.13	4.93	4.92

（7）外输气管线 874（见图 4 – 22 和表 4 – 26）

最小值：6.41mm；最大值：6.61mm；平均值：6.52mm。

61cm 处 8 号点位置发现 1 个凹坑，约为 $\phi 1 \times 1mm$。

165cm 处 3 号点位置有一处 17cm 长周向划痕，8 号点位置有一处 5cm 长周向划痕。

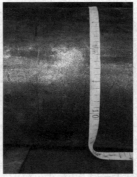

图 4 – 22　外输气管线 874 直接检测现场

表 4 – 26　外输气管线 874 网格法超声测厚表　　　　　　　　　　　mm

轴向＼周向	1	2	3	4	5	8
10	6.53	6.56	6.60	6.45	6.52	6.53
20	6.56	6.56	6.60	6.41	6.53	6.52
30	6.53	6.54	6.61	6.41	6.49	6.56
40	6.52	6.46	6.59	6.45	6.56	6.52
50	6.54	6.52	6.60	6.41	6.53	6.55
60	6.52	6.57	6.55	6.48	6.56	6.48
70	6.52	6.56	6.60	6.47	6.52	6.45
80	6.48	6.60	6.52	6.45	6.50	6.47
90	6.53	6.56	6.56	6.52	6.56	6.49
100	6.56	6.60	6.56	6.42	6.60	6.45
110	6.45	6.56	6.59	6.52	6.52	6.48
120	6.52	6.51	6.52	6.41	6.49	6.45
130	6.49	6.56	6.56	6.51	6.48	6.49
140	6.56	6.60	6.52	6.56	6.56	6.49
150	6.54	6.56	6.60	6.51	6.56	6.49
160	6.49	6.49	6.49	6.45	6.49	6.49
170	6.52	6.52	6.56	6.49	6.53	6.48
180	6.52	6.56	6.56	6.57	6.55	6.45

续表

周向 轴向	1	2	3	4	5	8
190	6.56	6.52	6.57	6.56	6.56	6.45
200	6.53	6.60	6.52	6.56	6.56	6.41
210	6.56	6.53	6.52	6.52	6.48	6.41
220	6.56	6.56	6.52	6.49	6.51	6.41
230	6.56	6.60	6.60	6.52	6.52	6.44
240	6.53	6.59	6.55	6.51	6.56	6.41

（8）外输气管线 882（见图 4 –23 和表 4 –27）

最小值：6.42mm；最大值：6.66mm；平均值：6.56mm。

178cm 处 2 号点位置发现 1 个凹坑，约为 $\phi1 \times 1$mm。

225cm 处 4 号点位置有一处 4cm 长周向划痕，深约 2mm。

 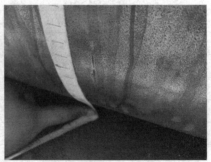

图 4 –23　外输气管线 882 直接检测现场

表 4 –27　外输气管线 882 网格法超声测厚表　　　　　　　　mm

周向 轴向	1	2	3	4	5	8
10	6.52	6.55	6.63	6.64	6.59	6.56
20	6.48	6.58	6.62	6.63	6.58	6.52
30	6.49	6.56	6.60	6.63	6.53	6.52
40	6.42	6.56	6.63	6.63	6.53	6.52
50	6.49	6.59	6.59	6.63	6.52	6.53
60	6.49	6.52	6.62	6.66	6.55	6.53
70	6.48	6.55	6.63	6.63	6.55	6.54

续表

轴向＼周向	1	2	3	4	5	8
80	6.49	6.55	6.59	6.65	6.55	6.52
90	6.45	6.51	6.59	6.66	6.56	6.52
100	6.47	6.52	6.59	6.64	6.55	6.53
110	6.52	6.60	6.62	6.64	6.55	6.51
120	6.51	6.58	6.62	6.63	6.55	6.56
130	6.52	6.52	6.59	6.63	6.55	6.52
140	6.51	6.55	6.59	6.64	6.54	6.52
150	6.48	6.55	6.59	6.63	6.55	6.55
160	6.49	6.59	6.60	6.63	6.52	6.53
170	6.49	6.56	6.62	6.64	6.54	6.54
180	6.56	6.55	6.59	6.66	6.58	6.53
190	6.48	6.59	6.59	6.63	6.59	6.53
200	6.48	6.58	6.62	6.66	6.54	6.53
210	6.48	6.55	6.64	6.62	6.58	6.51
220	6.45	6.54	6.63	6.64	6.58	6.51
230	6.49	6.52	6.64	6.64	6.54	6.50
240	6.48	6.55	6.63	6.66	6.58	6.48

4）直接检测结论

将直接检测对比结果汇总于表4－28中。

表4－28 直接检测结果对比汇总表

序号	开挖点编号	平均壁厚减薄率/%	金属损失评价等级	直接检测结果
1	A780	5.7	中	最大减薄率为2.8%，2号测点壁厚值波动9.1%
2	A1498.5	4.4	轻	最大减薄率为3.2%，3号测点壁厚值波动9.1%
3	B1077	5.9	中	最大减薄率为3.9%，管底发现一处5cm长低值区，最小壁厚为6.68mm；一处管体轻微损伤，最小壁厚为6.10mm

序号	开挖点编号	平均壁厚减薄率/%	金属损失评价等级	直接检测结果
4	832.5	5.1	中	最大减薄率为8.6%
5	862.5	13.5	重	最大减薄率为8.8%，管底发现一处蚀坑，最小壁厚为2.85mm
6	874.5	6.7	中	最大减薄率为6.6%
7	874	7.3	中	最大减薄率为8.4%；发现1个$\phi1\times1$mm凹坑；两处周向划痕，分别为17cm、5cm长
8	882	6.3	中	最大减薄率为8.3%；发现1个$\phi1\times1$mm凹坑；一处4cm长周向划痕

在3号探坑（B1077）和5号探坑（862.5）发现壁厚减薄超过10%的低值点，将低值点维修后，其他探坑最大壁厚减薄未超过10%。间接检测评价等级与直接检测结果一致，原分级准则不需修正。

5）剩余强度评价及剩余寿命

管线剩余强度评价及剩余寿命见表4-29。

表4-29　管线剩余强度评价及剩余寿命

管段名称	最大蚀坑深度/mm	最大轴向长度/mm	最大环向长度/mm	壁厚/外径/mm	运行压力/MPa	腐蚀速率/(mm/a)	剩余强度/MPa	评定结果	剩余寿命/a
外输油	1	50	10	7.1/323.9	2.4	0.40	8.24	第二类计划维修	11
单井	2.15	10	10	5/108	0.6	0.43	16.24	第二类计划维修	4
外输气	1	1	220	7/273	0.6	0.40	9.94	第二类计划维修	11

5. 检测总体结论及建议

检测结论：6处中级的探坑中发现1处内腐蚀缺陷、2处外部缺陷，3处缺陷评价等级均为3级；1处重级的探坑中发现1处43%的内腐蚀坑，缺陷评价等级为3级；直接检测与间接检测评价等级相符。

建议：对发现的管体缺陷进行维修；原油外输管线和外输气管线再评价时间为5年；单井管线再评价时间为2年。

4.1.3 磁法检测案例

本案例的试验于2009年6月在华北油田鄚任线（MaoRX）和鄚三线（MaoSX）输油管道上进行，这两个管道恰好已做过TEM管壁厚度检测并确定出"管道内腐蚀严重地段"。在开挖直接评价工作之前，以每个拟开挖点为中心分别布置磁法检测段，每个磁法检测段均为30m长，共布置了14处。本次埋地管道缺陷磁法检测使用了俄罗斯动力诊断公司生产的TSC-3M-12应力集中测量仪，探头是两个可上下分离的三分量磁通门磁力计，灵敏度为±0.1A/m。

1. 检测现场

被检管道埋设于路边，规格为 $\phi219 \times 7mm$，埋深为1.2m左右。为了在检测时尽可能使探头保持在管道正上方，事先探测管道位置并以测绳标记管道轴线在地面的投影，磁法检测员手持检测仪尽可能沿标记匀速行进连续采集磁场数据，如图4-24所示，图中白线是管道轴线在地面的投影位置。

图4-24 检测试验现场

2. 检测数据

由TSC-3M-12记录的数据格式见表4-30。

表4-30 TSC-3M-12数据记录格式

X/mm	H_p-1/(A/m)	H_p-2/(A/m)	H_p-3/(A/m)	H_p-4/(A/m)	H_p-5/(A/m)	H_p-6/(A/m)
0	-293	-450	71	-407	-532	-11
1	-294	-449	71	-407	-532	-11
2	-294	-449	72	-407	-532	-10
…	…	…	…	…	…	…

表4-30中的X既是记录序号，也表示记录位置，通过采集起、止序号和采集段长度最终换算成与其他检测方法相一致的检测点号。H_p-1、H_p-2、H_p-3是下探头的三个分量，H_p-4、H_p-5、H_p-6是上探头的三个分量，按顺序分别对应于垂直管道的水平方向、垂直管道的向上方向和沿管道的水平方向。表中数据的实际单位是0.1A/m。

磁场数据采集密度大约140个/m左右，检测数据如图4-25所示。

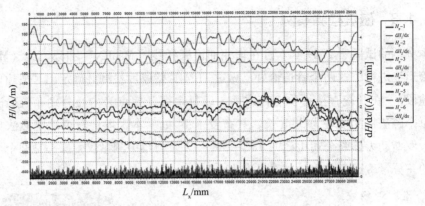

图 4 - 25　MaoRX 5935 ~ 5965m 段磁法检测数据图

3. 数据处理

（1）滑动滤波。通过图 4 - 26 与图 4 - 25 对比可看出滤波效果，其中 1、2、3 为下探头的数据，4、5、6 为上探头的数据。

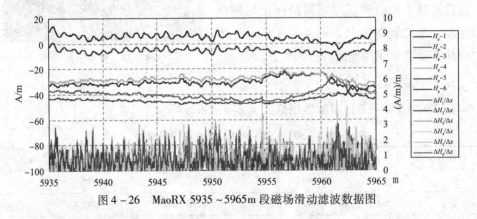

图 4 - 26　MaoRX 5935 ~ 5965m 段磁场滑动滤波数据图

（2）去除地磁场背景。图 4 - 27 是用下探头与上探头对应分量相减去除地磁背景后得到的磁场及相应分量沿管道走向（南北）梯度数据图。

（3）确定缺陷异常段及异常段最大异常。

（4）得到缺陷性能磁指标。

4. 检测结果

依据上述办法对所有做了磁法检测的管段进行数据处理，剥离出的异常分布均以相同的方式图示。普遍情况是，下探头磁场梯度、上探头磁场梯度以及下、上探头磁场差的梯度所表达的异常分布大体一致，只不过下探头的异常幅度较大，显然是距离管道较近的原因。

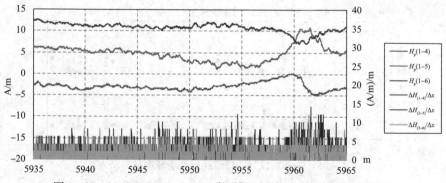

图4-27 MaoRX 5935~5965m段磁场（下探头-上探头）数据图

MaoRX标称规格为 $\phi 219 \times 6mm$，除4135~4165m段走向东西外，其余各段走向均为南北，埋深为1~1.2m。内腐蚀和人为破坏（盗油点）均较严重，多发性穿孔漏油。多数管段的异常分布具有突出、集中的特征（见图4-28和图4-29）。

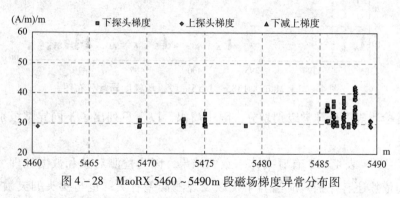

图4-28 MaoRX 5460~5490m段磁场梯度异常分布图

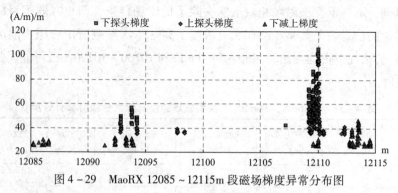

图4-29 MaoRX 12085~12115m段磁场梯度异常分布图

MaoSX标称规格为 $\phi 114 \times 5mm$，走向近东西，埋深不足1m。异常分布呈弥散状（见图4-30和图4-31），应当是与管内结垢严重有关。

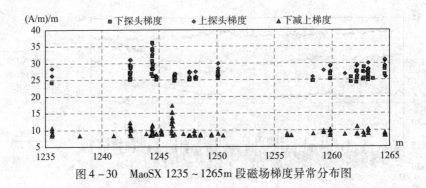

图 4 – 30 MaoSX 1235 ~ 1265m 段磁场梯度异常分布图

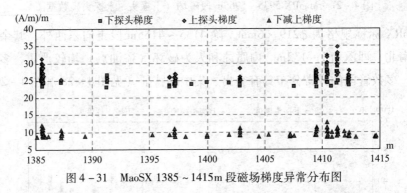

图 4 – 31 MaoSX 1385 ~ 1415m 段磁场梯度异常分布图

对各检测段进行异常级别划分，限于篇幅，以下只列出了不同异常级别管段的累计长度。

表 4 – 31 ~ 表 4 – 33 有着大体一致的结果，因为检测对象和数据处理手段是一样的。但依然还有差别，应当与干扰以及观测误差有关，也与探头的灵敏度有关。应当注意到，下、上探头磁场相减虽然去除了地磁场背景，但也减弱了目标异常特别是弱异常的信息，尤其是在磁探头灵敏度不高（本次检测所用磁探头的灵敏度为0.1A/m）的情况下更为突出，5460 ~ 5490m 段和 10160 ~ 10190m 段可能属此类情况（表 4 – 31）。

表 4 – 31 MaoRX、MaoSX 下探头磁场梯度与异常分级（累计长度）

检测管段/m	检测管长/m	梯度平均值/[（A/m）/m]	梯度最大值/[（A/m）/m]	平均偏差/[（A/m）/m]	一级管长/m	二级管长/m	三级管长/m
MaoRX							
4135 ~ 4165	30	11. 10	34. 87	4. 65	23. 80	4. 17	2. 03
5460 ~ 5490	30	12. 84	41. 35	5. 29	24. 00	3. 67	2. 33
5935 ~ 5965	30	14. 06	55. 26	5. 98	23. 98	3. 95	2. 07

续表

检测 管段/m	检测 管长/m	梯度平均值/ [（A/m）/m]	梯度最大值/ [（A/m）/m]	平均偏差/ [（A/m）/m]	一级 管长/m	二级 管长/m	三级 管长/m
MaoRX							
7180～7210	30	13.31	39.56	5.36	23.61	4.19	2.20
9360～9390	30	11.72	37.28	4.79	23.51	4.48	2.01
9760～9790	30	12.32	36.20	5.05	23.88	4.23	1.89
9910～9940	30	14.03	71.13	6.19	24.20	3.66	2.14
10160～10190	30	12.14	32.23	5.05	23.92	3.89	2.19
10260～10290	30	10.92	34.19	4.64	24.16	3.64	2.21
11129～11159	30	10.46	32.67	4.38	18.45	4.29	1.91
12085～12115	30	17.39	105.47	8.26	24.69	3.29	2.02
MaoSX							
1235～1265	30	10.30	36.11	4.60	23.58	3.80	2.62
1385～1415	30	10.12	32.48	4.28	23.86	3.69	2.45

表4－32　MaoRX、MaoSX上探头磁场梯度与异常分级（累计长度）

检测 管段/m	检测 管长/m	梯度平均值/ [（A/m）/m]	梯度最大值/ [（A/m）/m]	平均偏差/ [（A/m）/m]	一级 管长/m	二级 管长/m	三级 管长/m
MaoRX							
4135～4165	30	9.97	30.09	4.25	23.89	4.11	2.00
5460～5490	30	11.68	42.16	5.03	25.27	3.41	1.32
5935～5965	30	9.99	18.00	3.72	24.00	4.09	1.91
7180～7210	30	12.02	31.00	4.81	23.69	3.97	2.34
9360～9390	30	10.84	33.87	4.37	23.49	4.61	1.74
9760～9790	30	11.51	33.90	4.71	23.90	4.19	1.90
9910～9940	30	13.20	68.03	5.85	24.11	3.73	2.16
10160～10190	30	11.45	32.18	4.75	24.88	3.64	1.48
10260～10290	30	10.36	34.38	4.47	24.19	3.82	1.99
11129～11159	30	9.90	30.52	4.20	23.78	4.33	1.89
12085～12115	30	13.48	97.17	7.21	24.78	2.96	2.26

续表

检测管段/m	检测管长/m	梯度平均值/[(A/m)/m]	梯度最大值/[(A/m)/m]	平均偏差/[(A/m)/m]	一级管长/m	二级管长/m	三级管长/m
			MaoSX				
1235~1265	30	10.99	35.84	4.96	23.97	3.52	2.51
1385~1415	30	10.78	34.67	4.69	23.82	3.81	2.37

表4-33 MaoRX、MaoSX下探头与上探头磁场差梯度与异常分级（累计长度）

检测管段/m	检测管长/m	梯度平均值/[(A/m)/m]	梯度最大值/[(A/m)/m]	平均偏差/[(A/m)/m]	一级管长/m	二级管长/m	三级管长/m
			MaoRX				
4135~4165	30	4.37	16.35	1.71	23.46	4.82	1.72
5460~5490	30	4.96	23.06	2.26	29.91	0.09	0.00
5935~5965	30	4.27	16.35	1.70	23.40	4.71	1.89
7180~7210	30	4.41	15.57	1.74	24.35	3.49	2.16
9360~9390	30	3.66	12.21	1.36	24.04	4.04	1.41
9760~9790	30	3.57	12.70	1.36	24.30	3.79	1.90
9910~9940	30	3.75	16.83	1.51	23.58	4.28	2.13
10160~10190	30	3.38	10.09	1.31	30.00	0.00	0.00
10260~10290	30	3.07	10.93	1.20	24.08	4.07	1.85
11129~11159	30	3.33	11.14	1.36	24.12	3.64	2.24
12085~12115	30	9.43	46.57	5.23	24.14	2.80	3.06
			MaoSX				
1235~1265	30	3.46	17.27	1.56	24.51	2.99	2.51
1385~1415	30	3.63	12.70	1.60	23.71	3.80	2.49

此外，异常管段危险级别的划分标准（分级界限）应该随管道的具体情况不同而有所区别，例如 MaoSX 管内结垢严重，与 MaoRX 内腐蚀严重甚至导致穿孔的情况就不一样，数据处理手段可以相同，但分级界限应当有所区别。当然，还需要考虑管道运行管理的需要。

磁法检测现场数据采集布置在 TEM 壁厚检测所发现的"腐蚀严重管段"处，以拟开挖检验点为中心向两边展开，每个检测段长 30m，两种检测方法之间的定位误差不超过±1.0m。为了方便对比，磁场强度变化率异常图均以探坑为中心截取10m长，图的下部则是能表征相应探坑检验结果的图片。简述如下：

图4-32：管道东西走向，埋深1.11m，防腐层完好，TEM检测壁厚为4148点6.28mm、4150点6.57mm、4152点6.32mm，开挖位置4148.5~4151.5m，超声实测平均壁厚6.28mm；内腐蚀严重。

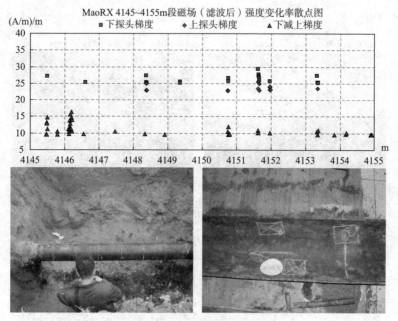

图4-32　磁场强度变化率与14号检验坑（4148.5~4151.5m）对照

图4-33：管道南北走向，埋深0.71m，防腐层完好，TEM检测壁厚为5948点5.48mm、5949点5.61mm、5950点5.91mm、5951段6.10mm、5952点6.22mm，开挖位置5948.5~5951.5m，超声实测平均壁厚6.21mm；内腐蚀严重。

图4-34：管道南北走向，埋深1.13m，防腐层人为破损，TEM检测壁厚为7193点5.52mm、7193.7点5.78mm、7194.7点4.96mm、7195点5.22mm、7195.7点5.78mm、7197点5.62mm，开挖位置7192.2~7195.2m，超声实测平均壁厚5.96mm；内腐蚀严重。

图4-35：管道南北走向，埋深1.01m，岩棉保温层，凹凸不平，TEM检测壁厚为9373点5.25mm、9375点5.45mm、9377点5.50mm。开挖位置9373.5~9376.5m，超声实测平均壁厚5.18mm；内腐蚀严重，已穿孔。

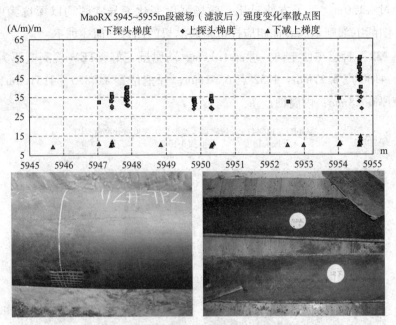

图 4-33 磁场强度变化率与 12 号探坑（5948.5~5951.5m）对照

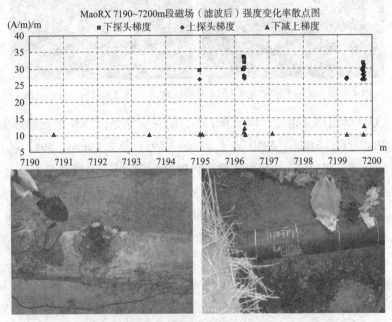

图 4-34 磁场强度变化率与 11 号检验坑（7193.5~7196.5m）对照

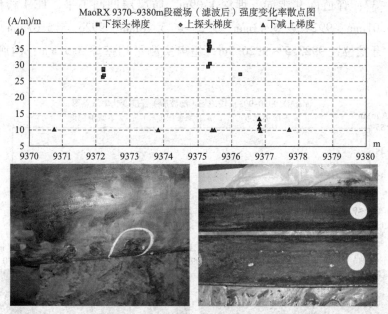

图4-35　磁场强度变化率与9号检测坑（9373.5～9476.5m）对照

　　图4-36：管道南北走向，埋深1.09m，岩棉保温层，凹凸不平，TEM检测壁厚为9773点5.46mm、9775点5.31mm、9777点5.53mm，开挖位置9773.5～9776.5m，超声实测平均壁厚5.45mm；内腐蚀严重，已穿孔。

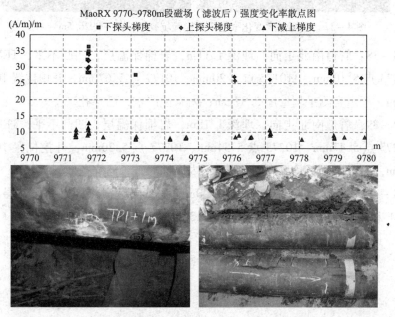

图4-36　磁场强度变化率与8号检验坑（9773.5～9776.5m）对照

图 4 - 37：管道南北走向，埋深 1.09m，防腐层凹凸不平，TEM 检测壁厚为 9923 点 5.01mm、9924 点 5.43mm、9925 点 5.28mm、9926 点 5.67mm、9927 点 5.37mm，开挖位置 9923.5 ~ 9926.5m，超声实测平均壁厚 5.51mm；内腐蚀严重，已穿孔。

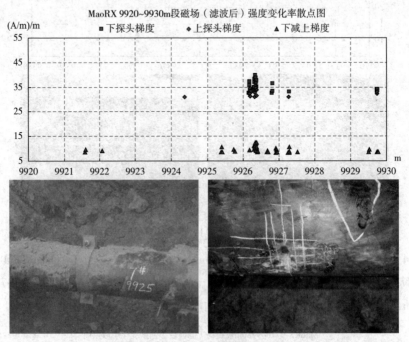

图 4 - 37　磁场强度变化率与 7 号检验坑（9923.5 ~ 9926.5m）对照

图 4 - 38：管道南北走向，埋深 1.11m，岩棉保温层，凹凸不平，TEM 检测壁厚为 10173 点 5.10mm、110175 点 5.20mm、10177 点 5.67mm，开挖位置 10173.5 ~ 10176.5m，超声实测平均壁厚 5.37mm；内腐蚀严重，已穿孔。

图 4 - 39：管道南北走向，埋深 1.18m，岩棉保温层，凹凸不平，TEM 检测壁厚为 10273 点 5.47mm、10275 点 5.34mm、10277 点 5.20mm，开挖位置 10273.5 ~ 10276.5m，超声实测平均壁厚 6.09mm；内腐蚀严重，已穿孔。

图 4 - 40：管道南北走向，埋深 1.00m，防腐层破损点，岩棉保温层，凹凸不平，TEM 检测壁厚为 11142.8 点 6.13mm、11143.8 点 5.52mm、11144.8 点 5.55mm，开挖位置 11142.3 ~ 11145.3m，超声实测平均壁厚 5.8mm；内腐蚀严重，已穿孔。

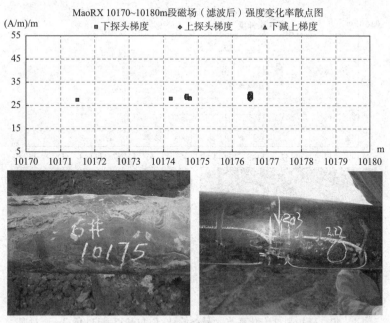

图 4-38 磁场强度变化率与 6 号检验坑（10173.5~10176.5m）对照

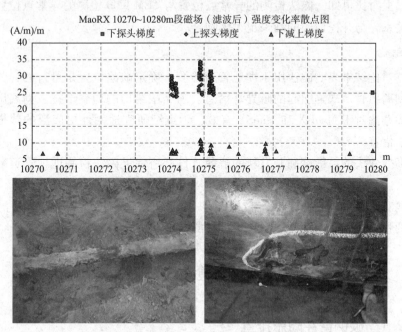

图 4-39 磁场强度变化率与 5 号检验坑（10273.5~10276.5m）对照

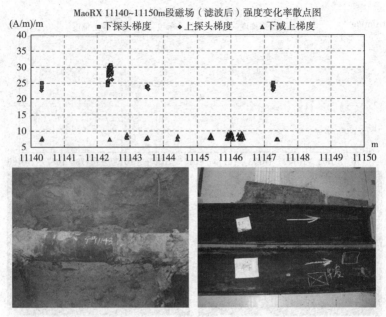

图 4 – 40　磁场强度变化率与 4 号检验坑（11142.3～11145.3m）对照

　　从以上对比可知：磁法检测的异常点位置与 TEM 壁厚检测的异常点位置有较好的对应关系，与开挖检验的结果也大体吻合。

5. 结论

　　检测对比结果表明磁法用于埋地管道检测、确定缺陷位置是可行的，关键在于识别并剥离出管道缺陷引起的磁异常信息。前文中给出的抑制干扰、剥离出管道缺陷异常的办法对于 MaoRX 和 MaoSX 有效，为继续研究适用性更广泛的数据处理途径提供了借鉴。

　　提高磁探头的灵敏度和开发新的解释软件必将促进磁法检测埋地管道缺陷技术快速发展。

　　检测对比结果也表明磁法定位管道缺陷与瞬变电磁（TEM）方法检测管壁厚度，这两种手段结合应用会取得更好的检测效果。

4.2　工艺管道隐患排查案例

4.2.1　碳钢管件隐患排查

1. 不同厚度 20 号碳钢检测效果

为验证瞬变电磁法对不同厚度碳钢材料的检测效果，于 2013 年 11 月在辽河石化进行了标准试块测试对比。

试件材质为 20 号钢，厚度为 3mm、5mm、7mm、10mm、12mm、15mm、17mm、20cm。将检测数据绘制在同一图上进行对比，在双对数坐标系下，不同厚度的检测曲线在时间前期一致，随着厚度越大，曲线拐点时间越长，具有明显的时间可分性（见图 4 –41）。

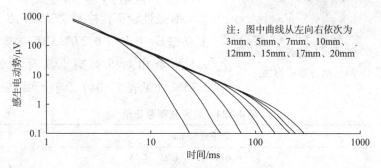

图 4 –41 不同厚度碳钢的检测曲线

2. 缺陷检测效果

为验证瞬变电磁法对内部缺陷的检测效果，于 2013 年 10 月在胜利油田技术检测中心特种设备检验所进行了测试对比。

试件材质为 20 号钢，背面从上到下加工 3 处缺陷：1 号缺陷为 $7mm \times 5mm \times 3mm$；2 号缺陷为 $7mm \times 5mm \times 1mm$；3 号缺陷为 $7mm \times 5mm \times 2mm$（见图 4 –42）。

在试件正面规划网格逐点测试，将测试数据绘制成等值线图，可以很明显地发现缺陷位置及程度（见图 4 –43）。

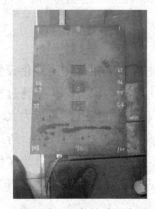

图 4 –42 试件缺陷示意图

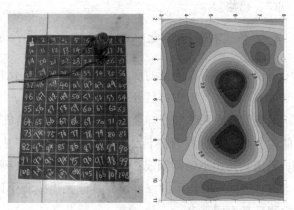

图 4 –43 网格逐点测试及检测结果

图4-44　部分管段腐蚀

3. 冷冻管网隐患排查案例

洛阳中硅冷冻管网材质为20号碳钢，目前发现部分管段有腐蚀迹象（见图4-44），需对管道进行在线检测，了解腐蚀现状，于2016年8月进行了检测。

有效性验证：检测发现9.4测点相对5.4测点壁厚变化了6.27%，超声波测厚验证9.4测点相对 5.4 测点实际壁厚变化为4.35%（见表4-34），与检测结果相符。

表4-34　超声波测厚记录

测量位置	管道壁厚/mm					平均值/mm
5.4	4.53	4.61	4.57	4.21	4.15	4.37
	4.17	4.31	4.32	4.52	4.46	
	4.43	4.30	4.41	4.53	4.46	
	4.30	4.50	4.38	4.19	4.28	
	4.22	4.19	4.42	4.42	4.42	
9.4	4.19	4.22	4.13	4.15	4.23	4.18
	4.23	4.17	4.34	4.15	4.20	
	4.22	4.20	4.17	4.21	4.24	
	4.29	4.22	4.22	4.21	4.10	
	4.11	4.12	4.15	4.11	4.11	

经检测，发现44处壁厚减薄程度为"中"，需定期监测；2处壁厚减薄程度为"严重"，已修复。

4.2.2　不锈钢管件隐患排查

不锈钢材料因其优良的耐腐蚀性能在石油石化行业中得到大量应用。液化天然气（LNG）是在气田中自然开采出来的可燃气体，主要由甲烷构成。LNG是通过在常压下将气态的天然气冷却至 -162℃，使之凝结成液体。天然气液化后可以大大节约储运空间，而且具有热值大、性能高等特点。由于碳钢具有冷脆的特性，所以LNG管道均是由不锈钢制成。由于天然气供应的特殊性，一般不能停产，且为了保持低温管道外部有较厚的保温层，其他无损检测手段不适用。在这种工况下进行在线检测具有迫切需求。

1. 不同厚度304不锈钢检测效果

为验证瞬变电磁法对不同厚度不锈钢材料的检测效果，于2013年11月在辽河石化进行了标准试块测试对比。

试件材质为 304 不锈钢,厚度为为 3mm、5mm、7mm、10mm、12mm、15mm、17mm、20cm。将检测数据绘制在同一图上进行对比,在双对数坐标系下,不同厚度的检测曲线在时间前期一致,随着厚度越大,曲线拐点时间越大,具有明显的时间可分性(见图4-45)。不锈钢磁性很弱,与同一厚度的碳钢相比,检测曲线衰减很快,不同厚度的检测曲线差别小,这对数据质量控制和对比分析方法提出了更高的要求。

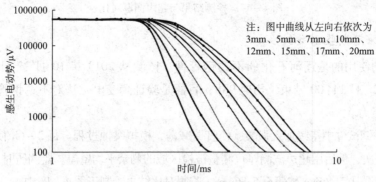

图4-45 不同厚度不锈钢的检测曲线

2. 弯头管件检测案例

2013 年 7 月对辽河石化一处不锈钢弯头管件进行检测,发现弯头外周腐蚀严重,检测结果得到了验证。

如图 4-46 所示,沿管道环周布置测点网格,检测结果列于测点对应的网格位置,壁厚减薄大于10%的测点标注浅色,壁厚减薄大于20%的测点标注深色。

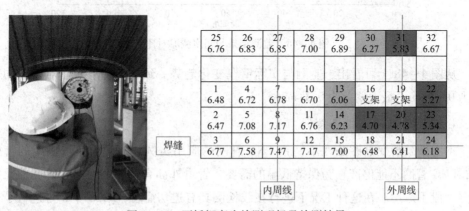

图4-46 不锈钢弯头检测现场及检测结果

检测对比发现管道弯头外周因介质冲刷等因素,厚度明显比侧面小。

经与超声测厚结果对比(见图4-47),检测结果与实际相符。

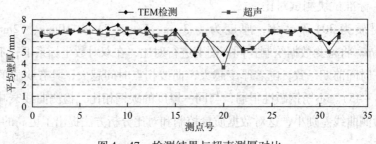

图 4 - 47 检测结果与超声测厚对比

3. 腐蚀定期监测案例

本案例使用的是辽河石化的不锈钢管件。监测从 2013 年 10 月 22 日 10:30 开始，10 月 26 日 14:00 结束，历时 98h，目的是验证瞬变电磁法对不锈钢管材动态腐蚀的监测能力。

在不锈钢试件中持续加入强酸，使管壁减薄，模拟腐蚀过程。每 2 ~6h 使用瞬变电磁法测试 1 次，然后用超声波测厚仪测量被检区域的剩余平均壁厚。监测历时 98h，监测区域平均壁厚从 7.46mm 减薄至 5.86mm，监测对比结果绘制于图 4 - 48 中。

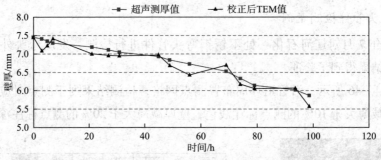

图 4 - 48 监测结果与超声测厚对比

从图 4 - 48 上可看出，监测与实际壁厚变化趋势一致，与超声测厚对比平均偏差为 0.15mm，最大偏差为 0.31mm。

4. LNG 管网隐患排查案例

本案例是瞬变电磁法在不锈钢 LNG 管网的应用实例。由于天然气供应的特殊性，LNG 管网不能停产，为保持低温的需要，管道外部有较厚的保温层，其他无损检测手段不适用。在这种工况下进行在线检测具有迫切需求，2018 年 8 月进行了在线检测评价。

1）检测流程

（1）工作前的准备：确定检测范围内无其他金属设施。

（2）传感器放置在测点上，中心与管道轴线对正。

（3）使用电缆将传感器与数据采集器连接，打开数据采集器发射部分和接收部分的电源开关。

（4）开启数据采集掌上电脑，运行采集程序，与数据采集器建立蓝牙配对，设置管道参数、传感器参数、发射频率，调整发射电流。

（5）使用掌上电脑采集数据，测量完成后输入当前点号保存。为保证数据的可靠性，对于受干扰的检测点（受周围电磁、金属体干扰）及时作出记录。

（6）当前测点检测完毕后，将传感器移动到下一测点继续数据采集工作。

（7）每个检测管段应有至少一处已知管道壁厚的标定点，因覆盖层无法拆除，按《LNG检验新技术应用方案》中的标称规格计算检测壁厚。

（8）数据处理时首先对所有检测点数据进行初步整理，使用专用软件读取检测数据，设置管道参数，选择评价参量（确定评价时窗），与标定点对比计算，得出各检测点管壁平均厚度。

2）数据分析

被检管件为LNG管道某处弯头，管径为400mm，设计壁厚为4.78mm。

在同一坐标系上绘出第1～第8个测点，这8个测点都位于直管段，衰减率相近，无明显差别（见图4－49）。

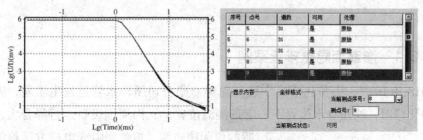

图4－49

从第9个测点（点号22）开始，测点位于弯头外周，检测曲线有明显变化（见图4－50）。

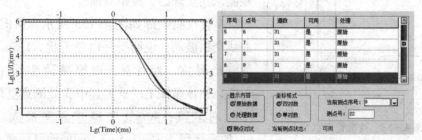

图4－50

以第 1 个测点为基准计算，22 号点与基准点相比衰减率为 8.64%，则其壁厚为：

$$4.78 \times （100\% - 8.64\%） = 4.367mm$$

所有测点按上式计算，结果如图 4 - 51 所示。

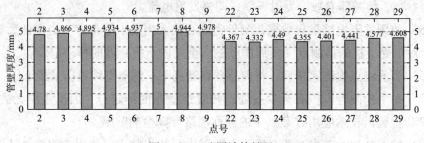

图 4 - 51 壁厚计算结果

3）检测结果

共排查 925 处弯头，弯头外侧因弯管制作，壁厚比直管段低，但均未超出 15%。部分测点壁厚减薄接近或超出 10%，建议再检测周期为 3 年。

4.3 渗漏与盗油等特殊隐患排查案例

4.3.1 渗漏点隐患排查案例

2018 年 10 月，万华化学（宁波）氯碱有限公司循环水管道发生渗漏，因地面均为硬化路面，地面有水位置不一定是渗漏位置，又因周围设备运行噪音大，常规听漏仪无法施测，拟使用瞬变电磁方法检测腐蚀穿孔部位。被检管道如图 4 - 52 所示，靠近道路的管道编为 A 管，靠近装置区的管道编为 B 管，检测从拐点开始，按距离编号。

A 管检测波形如图 4 - 53 所示。从图像看，曲线交错波动，说明受强电磁干扰。1.5m 和 4m 处波形异常，经计算，壁厚减薄率均未超过 10%，整体腐蚀不严重。其中 3 处测点壁厚减薄率相对较高：4m 处壁厚减薄率最大，达到 6.1%，评级为中；1.5m、9m 处壁厚减薄率依次

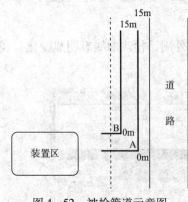

图 4 - 52 被检管道示意图

降低，均未超过5%，评级为轻。这三个点发生腐蚀穿孔的几率较高。

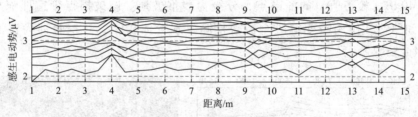

图4-53　A管检测波形图

B管检测波形如图4-54所示。从图像看，曲线波动较A管平缓，说明受电磁干扰轻。从另一方面来说，电磁干扰也会导致A管腐蚀加剧。9.5m处波形异常，经计算除9.5m外，壁厚减薄率均未超过5%，整体腐蚀较轻。其中9.5m处壁厚减薄率相对较高，达到5.1%，评级为中，发生腐蚀穿孔的几率较高。

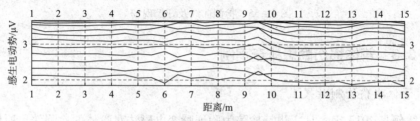

图4-54　B管检测波形图

为减小对硬化地面的破坏，建议使用钻孔的方式（钻孔前确认下方无其他管道及电线电缆）依次调查以下位置土壤是否较湿润：A管4m、A管1.5m、A管9m、B管9.5m、B管6.5m。待确定较准确位置后再扩大开挖修复。

检测报告提交后，厂方安排在硬化路面开窗判别，开挖第一处位置时即发现了渗漏点。

4.3.2　盗油点隐患排查案例

2008年10月，在华北油田郑三线，应用瞬变电磁技术进行盗油点判别，可以大大降低防腐层破损点对盗油点检测的影响，提高盗油点甄别的准确性，避免过多非必要的开挖工作。以某处管道为例，该管道防腐层破损严重，通过交流电位梯度法检测发现31处防腐层破损点。通过瞬变电磁检测分析，确认4处有管体异常，防腐层破损点开挖修复时，验证1处为盗油卡子、3处为老卡子，其余27处均为正常的防腐层破损点，瞬变电磁检测分析准确地排除了85%以上的防腐层干扰，效果非常明显。

华北油田郑三线集输管道，管道规格为 $\phi114 \times 5mm$。首先使用 ACVG 方法检测一处 40dB（校正值）的漏电点，分级为严重破损。该破损点管道埋深 0.7m，位于田间路边。使用瞬变电磁全覆盖检测发现管体异常，开挖验证为盗油卡子（见图 4 - 55）。

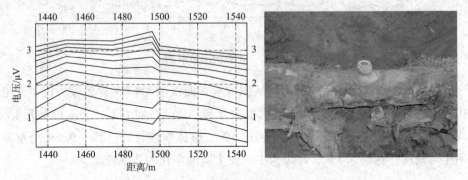

图 4 - 55　检测曲线及开挖现场

4.3.3　管体损伤隐患排查案例

1. 管体损伤检测效果

本案例是 2017 年 5 月广州特检院为验证瞬变电磁法对管体的检测效果所做的模拟试验。

1）缺陷设置

如图 4 - 56 所示，管道规格为 $\phi159 \times 6mm$，管长 4m。在 1.5m 处开始设置 5% 损失缺陷（以 1m 长管段为基准计算），缺陷轴向长度为 25cm，即缺陷范围为 1.5 ~ 1.75m。环周全部打磨，打磨深度为 1.2mm，深度为壁厚的 20%，即平均到 1m 长管段上为 5% 金属损失。

2）工作情况

试验设备：GBH 管道腐蚀智能检测仪；

试验方法：瞬变电磁法；

传感器：发射线圈 1m×1m，接收线圈 0.5m×0.5m；

钢管放置在地面上，传感器架高 68cm，模拟埋地管道状况（见图 4 - 57）。

传感器覆盖范围：理论上传感器每个测点信号覆盖管段范围约为 $2H + L = 2 \times 0.68 + 1 = 2.36m$。

管道左侧端点计为 0，测点距为 10cm（以传感器中心对应距离为准记录测点号，单位为 cm），测点号范围为 0 ~ 400。

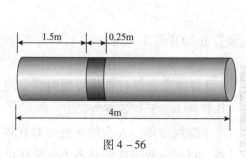

图 4 – 56 　　　　　　　　　　　图 4 – 57　检测现场

3）试验结果

以 230 点为参考点和数据基准，对比时段由专用分析软件自动给出，计算结果如图 4 – 58 所示。

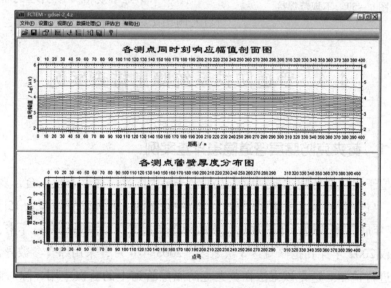

图 4 – 58　计算结果

从图 4 – 58 上部的剖面图上可以看出：0 ~60cm 和 340 ~400cm 由于端点效应的影响，早期电压值明显降低，使得平均壁厚发生偏差。

从图 4 – 58 下部的平均壁厚分布图上看：平均壁厚最低位置在 90cm 左右，与缺陷中心的距离为 72.5cm，小于 1m；平均壁厚为 5.612mm，与设计的 5% 损失量接近。

缺陷位置与异常位置的偏差是由于瞬变电磁法的体积效应造成的。瞬变电磁信号是传感器覆盖范围内三维空间的总体响应，小缺陷（与传感器规模相比）的异常叠加在背景场上，三维空间的磁场不均匀，异常中心不一定对应传感器中心，可能是在传感器覆盖范围内某一位置，造成小缺陷的定位出现偏差。

2. 管体损伤检测案例

吉林油田红岗首站至红木一站输油管道 2001 年 11 月投产，管材为 20 号钢，规格为 $\phi 273 \times 7mm$，黄夹克防腐保温。2013 年 9 月对该管道进行管体检测时，发现多处管体异常点，开挖证实为管体损伤。

图 4-59　不规范焊接

除腐蚀外，人为破坏也会对管体造成损伤。虽然一般损伤区域不大，管体电磁特性变化影响范围小，但在点距足够密的情况下，还是能够检出的。

图 4-59 是不规范焊接引起的管体异常，与上例相比，损伤程度更小。

4.4　管道防护系统隐患排查案例

4.4.1　黄夹克防腐层管道隐患排查案例

测区位于锡林浩特阿尔善，属于温带半干旱大陆性气候，春秋短暂，夏季凉爽，冬季漫长，昼夜温差大。土壤呈弱酸性。哈一联至阿一联外输管线全长 15.1km，建于 1988 年年底，随着运行年限加长，事故率逐年上升，特别是近两三年来，穿孔时有发生，仅 2002 年穿孔抢修就达 8 次之多。2003 年 4 月，采用综合参数异常评价法对该管道进行检测。这是该方法在黄夹克防腐层管道上的首次应用，除对防腐层进行隐患排查外，还同时对管体进行腐蚀检测评价，开挖验证表明应用效果良好。

被检管道规格为 $\phi 159 \times 7mm$ 及 $\phi 159 \times 8mm$，全长 15.1km，建于 1988 年年底。大部分是底漆（无其他防腐层）-保温泡沫-防水黄夹克和胶带-保温泡沫-胶带补口的防腐保温结构，只有少量管段是胶带-热塑套-保温泡沫-防水黄夹克和胶带-保温泡沫-胶带补口的防腐保温结构。不同规格与防腐保温结果的管段相互混杂。随着运行年限加长，事故率逐年上升，腐蚀穿孔时有发生。

本次检测的目的在于调查该管道的腐蚀与防护状况以及导致管道腐蚀穿孔的原

因。检测时使用 RD – PCM，按 50m 点距（局部地段加密至 5m）依次分别采集 4Hz、128Hz、640Hz 的等效电流数据和管道中心埋深数据，数据采集的平均均方误差为 2.25%。

采用评价软件 FER – PCM 2.0 分析检测数据，防腐层性能的分级标准如表 4 – 35 所示。

表 4 – 35　防腐层性能分级标准表

级　　别	视电容率/(μF/m)	绝缘电阻/Ω·m²
一　级	$E_f < 100$	$R_f > 10000$
二　级	$100 \leqslant E_f < 200$	$10000 \leqslant R_f > 5000$
三　级	$200 \leqslant E_f < 500$	$5000 \leqslant R_f > 3000$
四　级	$500 \leqslant E_f < 1000$	$3000 \leqslant R_f > 1000$
五　级	$E_f \geqslant 1000$	$R_f \leqslant 1000$

图 4 – 60 给出了 2001 年对昆明市煤气主干管道检测中管径（529mm）、壁厚（8mm）、管材型号相同，但分属三种不同年份埋设的 11 段管道（总长 9720m）754 个实测管体视电阻率值的统计结果。明显可见，埋设时间越久远的管道（腐蚀与疲劳损伤程度相对严重），其管体视电阻率值也越高。

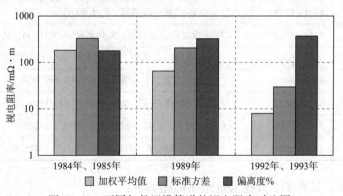

图 4 – 60　不同年份埋设管道的视电阻率对比图

管体视电阻 R_m 的背景值为 $4.27 \times 10^{-6} \Omega/m$，样本统计均方差为 $4.17 \times 10^{-7} \Omega/m$。具体情况见表 4 – 36。

表 4 – 36　管体视电阻统计分析表

均方差范围	累计长度/m	所占比例/%
小于 1 倍均方差	10953	78.78

均方差范围	累计长度/m	所占比例/%
1~2 倍均方差	750	5.39
2~3 倍均方差	550	3.96
大于 3 倍均方差	1650	11.87

在空间分布上，腐蚀穿孔多发管段与管体视电阻异常管段关系密切。同期的坑探调查证实：大于其背景 3 倍均方误差的管体视电阻异常多数是由干扰（低频数据信噪比低）引起的，少数则反映为管材差别或两种不同防腐保温结构的接合部位状况。

根据地面检测的分析结果，确定了 5 个验证点和 5 个取证点进行开挖检验，具体布置情况见表 4-37。

表 4-37 验证与取证探坑布置表

探坑序号	探坑部位/m	开挖目的
1	4472~4479	R_f 五级、E_f 五级、R_m 5.380Ω/m；缺陷点，验证
2	4765~4770	R_f 二级、E_f 三级、R_m 8.469Ω/m；大于 3 倍均方差取证点
3	5040~5045	R_f 二级、E_f 三级、R_m 17.04Ω/m；取证点，不明性质
4	5770~5775	R_f 二级、E_f 四级、R_m 4.600Ω/m；取证点，典型
5	5929~5936	R_f 五级、E_f 三~五级、R_m 0.218~3.911Ω/m；缺陷点，验证
6	6039~6046	R_f 五级、E_f 五级、R_m 4.536Ω/m；怀疑缺陷点，验证
7	6409~6416	R_f 二级、E_f 四级、R_m 3.537Ω/m；缺陷点，验证
8	6626~6634	R_f 五级、E_f 五级、R_m 5.518~4.255Ω/m；缺陷点，验证
9	7774~7780	R_f 一级、E_f 一级、R_m 4.348Ω/m；取证点，典型
10	8724~8730	R_f 二级、E_f 四级、R_m 4.259Ω/m；取证点，典型

限于篇幅，只将 5 个开挖验证结果简述如下：

1 号探坑（4472~4479m）：夹克变形，泡沫老化充水，原修补处玻璃棉保温层充水，与检测结果吻合。地面检测管体视电阻为 5.380×10^{-6} Ω/m，与背景值之差在 2 倍均方差与 3 倍均方差之间，应有腐蚀存在。坑探结果证实管体底部分布大小不等的三处腐蚀（图 4-61 为其之一），腐蚀最宽处为 21cm，蚀坑最深处为 2~3mm，腐蚀产物主要为黑色或棕黑色层状坚硬物。

5 号探坑（5929~5936m）：夹克严重变形，泡沫老化充水，原修补处玻璃棉保温层充水、剥离，与检测结果吻合。地面检测管体视电阻为 $(0.218 \sim 3.911) \times$

$10^{-6}\Omega/m$，东段与背景值之差大于 3 倍均方差，西段与背景值之差小于 1 倍均方差。坑探结果证实东段管体存在局部腐蚀，位于管体底部，长 49cm，宽 26cm（见图 4 - 62）；西段为旧有的补强段。该段管体视电阻检测值偏小是由于西段的补强造成管材材质不均匀而引起的。

图 4 - 61　1 号探坑管体局部腐蚀

图 4 - 62　5 号探坑局部腐蚀之一

6 号探坑（6039 ~ 6046m）：夹克变形，泡沫老化程度与同为五级的 1 号探坑和 5 号探坑相类似，补口处胶带密封不严，黏结力差，易剥离，与检测结果吻合。地面检测管体视电阻为 $4.536 \times 10^{-6}\Omega/m$，与背景值之差小于 1 倍均方差。坑探结果证实管体不存在明显的局部腐蚀；管体表面均匀分布有鱼鳞状麻点（见图 4 - 63），腐蚀产物主要为红棕色的松散粉状物。

图 4 - 63　6 号探坑面状腐蚀与划痕

7 号探坑（6409 ~ 6416m）：原修补处玻璃棉保温层严重充水剥离，与检测结果吻合。管体视电阻低于背景值是由补强（补丁和"套袖"）造成的，未发现新的腐蚀迹象（见图 4 - 64）。

8 号探坑（6626 ~ 6634m）：泡沫保温层明显老化充水，整体呈深棕黄和棕红色，接近管体部位呈棕黑色，板结，易剥离。补口处胶带变形发脆，黏结力差，易剥离。原修补处玻璃棉充水剥离，与检测结果吻合。地面检测东段管体视电阻为 $5.518 \times 10^{-6}\Omega/m$，与背景值之差在 2 ~ 3 倍均方差之间；西段管体视电阻为 $4.255 \times 10^{-6}\Omega/m$，与背景值之差小于 1 倍均方差。坑探结果证实管体局部腐蚀主要发生在东段（见图 4 - 65），西段为过去的修补段。

图4-64 7号探坑的补丁和"套袖"　　　　图4-65 8号探坑的管体局部腐蚀

开挖检验取得了以下几方面的结果：一是证明了判断为"缺陷管段"的异常标志是正确的；二是查明了"性质不明异常"的原因；三是明确了"可继续运行"（正常）管段和"隐患"管段的判别依据。

4.4.2 沥青玻璃布防腐层隐患排查案例

1. 在城市燃气管道上的应用

1）概述

昆明市煤气管道以管径 159 ~ 1020mm 的钢质管材为主，管体全部采取牺牲阳极保护措施，外壁包覆有特加强级沥青防腐层。2001 年 5 ~ 7 月，采用综合参数评价法对 20km 管段进行检测。检测工作中制定了合理的工序，通过实验确定了适用于本区的腐蚀检测技术方案并在实施过程中坚持高标准、高质量的要求，数据采集质量（2.66%）远高于设计标准（5%），为最终顺利完成检测评价任务打下了坚实的基础。

2）检测结果

检测工作布置在在不同干扰环境的地段上。涉及到管径为 273mm、426mm、478mm、529mm、630mm、1000mm，壁厚为 7mm、8mm、10mm 的 9 种规格的管材。具体任务是：对管体金属蚀失量进行评估，提供金属蚀失量或平均剩余管壁厚度数据；对管道的外防腐层绝缘性能进行检测与分级评价，对破损点及防腐层绝缘性能严重下降部位进行精确定位；根据检测结果，提出管道维护和管理建议。

检测总工作量为 20.466km，检查观测点数占总观测点数的 11.66%，按管段长度加权的平均均方相对误差为 2.66%。开挖验证 6 处，情况如表 4-38 所示。

表 4 − 38 城市燃气管道腐蚀检测与开挖验证结果对照表

地 点	检测结果			开挖验证结果		
	防腐层绝缘等级	金属蚀失量/%	剩余平均管壁厚度/mm	防腐层耐压/kV	金属蚀失量/%	剩余平均管壁厚度/mm
虹山东路534 − 536	一级	0 − 9.40	9.06 − 10.00	5	0.7	9.93
护国路18 − 22	五级	0.25 − 2.75	7.78 − 7.98	—	1.88	7.85
董家湾724 − 726	一级	0 − 4.57	6.68 − 7.00	4 − 6	0.43	6.97
环城南路187 − 191	一级	0 − 0.75	6.94 − 7.00	5 − 6.5	2.29	6.84
马 街174 − 176	四级	0.50 − 10.13	7.19 − 7.96	0.4 − 8	4.00	7.68
关上北路448 − 450	一级	1.88 − 5.00	7.60 − 7.85	—	3.75	7.70

3）开挖验证情况

（1）关上北路（448~450m）开挖验证结果 防腐层外包覆的塑料布完好，塑料布下的沥青黏度很好，无老化现象，防腐层与管体之间黏结力强，较难剥离。根据《埋地钢质管道沥青防腐层大修理技术规定》，防腐层等级应属于一级，与实测结果一致。448.93~449.36m 弯头焊口间见有条带状分布的蚀坑（见图 4 − 66），是金属疲劳导致电偶腐蚀的结果；管体腐蚀主要发生在内壁，448~450m 段地面检测剩余平均管壁厚度为 7.60~7.85mm，开挖后采用超声波测厚仪实测平均剩余管壁厚度为 7.70mm，检测结果与实际相符。

（2）马街（174~176m）开挖验证结果 防腐层外表不均匀（见图 4 − 67），有针孔与充水现象，用火花仪检测防腐层耐压为 0.4~8kV；剥离时发现沥青老化、发脆，防腐层与管体易剥离，与地面检测判定的等级（四级）相符。174~176m 地面检测剩余平均管壁厚度为 7.19~7.96mm，超声波测厚仪实测为 7.68mm，检测结果符合实际。开挖时管体外表面未见腐蚀现象，金属腐蚀主要发生在内部。马街开挖点的中心正好与牺牲阳极的接管点重合，毫无疑问，这给检测数据的分析带来了影响（牺牲阳极馈电处信噪比较低，误差相对较大）。

图 4-66　管顶点蚀坑　　　　图 4-67　防腐层与牺牲阳极

上述情况表明，尽管城市燃气管道腐蚀检测难度较大，但只要采用恰当的手段，也可获得较好的效果。

2. 防腐层剥离隐患排查案例

2015 年 12 月，对中国石油西南油气田云万线的部分管道进行检测，检测方法为综合参数评价法，检测目的为检测防腐保温层的绝缘电阻和介电特性，使用两个参数综合评价防腐层性能，判别防腐保温层剥离充水部位。云万线管道规格为 φ159 ×6mm，沥青防腐层，经检测发现 2 处防腐层剥离部位：290 ～ 308m 和 1197 ～ 1209m。对 300m 和 1202m 进行了开挖验证，开挖结果如图 4-68 所示。

(a)300m处开挖结果　　　　　　(b)1202m处开挖结果

图 4-68　开挖结果

两处均发现完好防腐层下的管体腐蚀，检测结果与实际相符。

参考文献

［1］牛之琏．时间域电磁法原理［M］．长沙：中南大学出版社，1992.

［2］俄罗斯动力诊断公司．采用金属磁记忆方法无接触磁测检查石油天然气主干管道及其分支的规程［S］．俄罗斯，2007

［3］SY/T 0087.2—2012　钢质管道及储罐腐蚀评价标准　埋地钢质管道内腐蚀直接评价．

［4］GB/T 28705—2012　无损检测脉冲涡流检测方法．

［5］NB/T 47013.13—2015　承压设备无损检测　第13部分：脉冲涡流检测．

［6］GB/T 34346—2017　基于风险的油气管道安全隐患分级导则．

［7］石仁委．油气管道隐患排查与治理［M］．北京：中国石化出版社，2017.

［8］李永年，郭玉峰，李晓松，董训长．国内外埋地管道腐蚀状况物理检测技术现状［J］．岩土工程界，2000，（9）．

［9］李永年，尚兵，李晓松．TEM法管道腐蚀检测中的几个问题［C］．21世纪表面工程与防腐蚀技术的发展与应用论文集．北京：2000：420 – 424.

［10］李永年，郭玉峰，邓可义．用脉冲瞬变法检测埋地金属管道腐蚀程度［C］．21世纪表面工程与防腐蚀技术的发展与应用论文集．北京：2000：425 – 429.

［11］李永年，张国义，李晓松．埋地管道金属蚀失量检测技术［C］．中国石油化工，2001，（上）：246 – 247，249.

［12］李永年，李晓松．地下管道腐蚀检测工作中的几个问题［C］．全国资源与环境调查暨工程检测新技术研讨会论文集．2001：9 – 15.

［13］李永年，陈长满，吕桂玉．管道金属蚀失量评价技术的应用效果［C］．第四届勘察技术学术交流会论文集．北京，2002：38 – 41.

［14］李永年，李晓松，吕桂玉．城市埋地燃气管道腐蚀状况地面检测的问题与建议［J］．地下管线管理，2002，2（26）：15 – 17.

［15］李永年，李晓松，吕桂玉．提高埋地管道防腐层分级评价的可靠性［J］．地下管线管理，2002，4（28）：34 – 36.

［16］李永年，李晓松，吕桂玉．管体视电阻率与腐蚀和疲劳损伤的关系［J］．地下管线管理，2002，6（30）：18 – 21.

［17］李永年，李晓松，吕桂玉．关于城市燃气埋地管网腐蚀检测方案的建议［J］．地下管线管理，2003，2（32）：20 – 22.

［18］李永年，李晓松，姚学虎，尚兵，吕桂玉．埋地管道综合参数异常评价法的应用效果［J］．地球物理学进展，2003，3（18）：487 – 492.

[19] 李永年，尚兵．油田埋地管道地面检测方法简介［C］．山东石油学会第三届腐蚀与防护技术学术交流会论文集．2005：63－73.

[20] 尚兵，李晓松．驰骋综合参数异常评价法数据解释软件——埋地管道 ECDA 评价工具［C］．山东石油学会第四届腐蚀与防护技术学术交流会论文集．2006：70－74.

[21] 尚兵，李晓松．金属管道管体检测新方案——管壁厚度 TEM 评价系统［C］．山东石油学会第四届腐蚀与防护技术学术交流会论文集．2006：123－128.

[22] 李晓松，尚兵，李永年．油田埋地管道管壁厚度 TEM 检测技术验证［C］．山东石油学会第五届腐蚀与防护技术学术交流会论文集．2007：63～70.

[23] 尚兵．GBH 管道腐蚀智能检测仪的特点及应用效果［C］．2007 全国埋地管线腐蚀控制和监测评估工程技术交流会论文汇编．2007：168－171.

[24] 李晓松．综合参数异常评价法和管壁厚度 TEM 评价技术在油田地下管道腐蚀检测中的综合应用［C］．2007 全国埋地管线腐蚀控制和监测评估工程技术交流会论文汇编．2007：232－235.

[25] 尚兵，李晓松．埋地管道管体腐蚀状况地面检测方法综述［J］．防腐保温技术，2008，16（4）：32－34.

[26] 李永年，李晓松，尚兵．管道壁厚腐蚀检测、无损检测方法：中国，CN200810007495.5［P］．2009－2－4.

[27] 尚兵，李晓松，李永年．管壁厚度 TEM 检测进展［J］．防腐保温技术，2009，17（2）：35－42.

[28] 李晓松．提高管道壁厚 TEM 方法的检测准确度［C］．第五届全国腐蚀大会论文集．2009：1－6.

[29] 尚兵．综合参数异常评价法的参数特点及应用［C］．第五届全国腐蚀大会论文集．2009：7－12.

[30] 李晓松，尚兵．管道壁厚 TEM 检测技术在大庆油田管道完整性评价中的应用［J］．防腐保温技术，2011，（1）：38－40.

[31] 李永年，李晓松，尚兵．平行管道 TEM 检测问题探讨［J］．防腐保温技术，2011，19（3）：29－39.

[32] 李永年，李晓松，尚兵，于鸿达．埋地管道缺陷磁法检测技术实验［J］．防腐保温技术，2011，（4）：8－18.

[33] 李永年，尚兵，李晓松．全覆盖 TEM 管壁厚度检测现场实验［J］．防腐保温技术，2011，（4）：19－27.

[34] 尚兵，李晓松．两种钢质管道腐蚀检测新技术［J］．管道技术与设备，2011，（5）：57－59.

[35] 李永年，尚兵，李晓松．油田管线全覆盖 TEM 检测［C］．2012 全国油气田管线及储罐腐蚀与控制技术应用研讨会论文集．2012：85－100.

[36] 李晓松，尚兵，李永年．防腐（保温）层破损点电位差法检测与评价 [J]．防腐保温技术，2013，(4)：29－33，42.

[37] 李永年，陈德胜，尚兵，李晓松．瞬变电磁技术在检测管体缺陷上的应用研究 [J]．管道技术与设备，2013，(4)：27－29.

[38] 李永年，李晓松，尚兵．连续诊断管体金属腐蚀与缺陷的全覆盖瞬变电磁检测方法：中国，CN201310116234.8 [P]．2013－07－10.

[39] 李永年，李晓松，尚兵．管道外防腐层破损严重程度的评价方法：中国，CN201210088495.9 [P]．2013－10－23.

[40] 李永年，李晓松，尚兵．同时检测地下管道金属本体和防腐保温层缺陷的方法：中国，CN201210088492.5 [P]．2013－10－23.

[41] 石仁委．埋地管道腐蚀检测技术的探讨 [J]．石油工程建设，2006，(4).

[42] 常守文．土壤中金属腐蚀速度测量方法的发展历程与展望 [J]．腐蚀科学与防护方法，1991，3 (2)：1－6.

[43] 石仁委．油田管道腐蚀检测评价的实践与思考 [J]．石油经济参考，2004，(10).

[44] 石仁委．开展评价研究与腐蚀检测是减少油田损失的一项基础工作 [J]．石油经济参考，2004，(11).

[45] 石仁委．油气田集输管道评价及管理模式的探索与实践 [J]．石油经济参考，2005，(3).

[46] 石仁委．胜利油田集输系统常见腐蚀研究 [J]．石油工业技术监督，2005，(3).

[47] 石仁委．胜利油田集输管道腐蚀检测与管理 [J]．石油工业技术监督，2007，(2).

[48] 石仁委．埋地管道壁厚的瞬变电磁检测技术研究 [J]．石油化工腐蚀与防护，2007 (2).

[49] 石仁委．磁致伸缩导波检测技术在海洋平台导管架检测中的应用 [J]．石油化工腐蚀与防护，2011，(5).

[50] 马福明，石仁委．东黄管道腐蚀泄漏事故剖析 [J]．石油化工腐蚀与防护，2011，(5).

[51] 石仁委，等．胜利垦32区块外输管线穿孔分析与对策 [J]．腐蚀与防护，2007，(4).

[52] 石仁委，高峰，等．基于GIS的油田地面管网检测评价信息系统 [J]．油气田地面工程，2008，(5).

[53] 石仁委，等．用于阴极保护的混合金属氧化物涂层钛阳极 [J]．国外油气田工程，2008，(5).

[54] 石仁委．我国天然气长输管道建设与管线钢的发展 [J]．管线与技术，2014，(6).

[55] 卜文平，石仁委．我国管道设备与自动控制的发展及面临的挑战 [J]．管线与技术，2014 (6).

[56] 石仁委．危及管道安全的五大因素及其作用形式和特点 [J]．管线与技术，2015，(2).

[57] 石仁委．管道输送的发展与面临的挑战 [J]．管线与技术，2017，(2).

[58] 石仁委，李季克，郝毅．管道失效的腐蚀因素分析 [J]．全面腐蚀控制，2014，(11).

[59] 石东毅，张志涛，石仁委．从重大管道事故案例分析看管道风险控制 [C]．第三届全国检

测检验技术研讨会论文集. 2018：9.

[60] 张志涛，卢进，石仁委. 工艺管网腐蚀隐患检测方法概述 [C]. 第三届全国检测检验技术研讨会论文集. 2018：9.

[61] 石仁委，林守江，常贵宁. 油气管道泄漏监测巡查技术 [M]. 北京：中国石化出版社，2018.

[62] 石仁委，丁继峰，王希峰. 油气管道腐蚀失效预测与完整性评价 [M]. 北京：中国石化出版社，2018.

[63] 石仁委，卢明昌. 油气管道腐蚀控制工程 [M]. 北京：中国石化出版社，2017.